今日から
モノ知り
シリーズ

トコトンやさしい

ナノセルロースの本

古くから紙や綿として利用されてきたセルロースを、ナノサイズの微細繊維とすることで、高強度、粘性、ガスバリア性、熱安定性などの機能が与えられることがわかってきました。そんな夢の材料「ナノセルロース」の製造から利用までをわかりやすく紹介します。

ナノセルロースフォーラム

B&Tブックス
日刊工業新聞社

だけ掲載することにしました。また、すべての項目について、解説のレベルをできる限り揃えることに注力しました。類似した項目を比較するとき、片方は詳しく触れられていて、もう片方は簡単に書かれていると、比較することはできません。そのため本書は分担執筆せず、すべてナノセルロースフォーラム事務局で作成しました。幸い事務局にはさまざまな技術情報がストックされていました。

ナノセルロースフォーラムは2014年6月の設立以来、わが国におけるナノセルロースの研究開発、事業化、標準化を加速するための活動を行ってきましたが、海外の技術動向についてもウォッチし、会員向けに提供してきました。本書ではこの情報の中から重要なものをピックアップして掲載しています。また、「図解よくわかるナノセルロース」からそのまま引用した箇所もあります。

執筆内容については、可能な限り裏付けを取るように心がけましたが、研究を行っている本人が書いたものではないため、完全に正しいという保証はできません。その点はあらかじめお詫びしておきます。ただそれを割り引いても、役に立つと言われる本になったと自負しています。

最後に本書を企画し、また執筆に当たり有益なアドバイスをいただいた日刊工業新聞社出版局書籍編集部矢島俊克副部長に感謝します。

2017年11月

国立研究開発法人産業技術総合研究所
材料・化学領域 研究戦略部 上席イノベーションコーディネータ
ナノセルロースフォーラム事務局長　平田悟史

トコトンやさしい

ナノセルロースの本

目次

第1章 ナノセルロースってなに？

第2章 どうやって作るの？

第3章 どんな性質・どうやって測定?

第4章 広がる用途

第5章 普及に向けて

第1章

ナノセルロースってなに？

1 そもそも「セルロース」ってなんだろう?

地球上に莫大な量が存在する

セルロースは植物の主成分です。植物は主にセルロース、ヘミセルロース、リグニンの3つの成分から構成されていますが、およそ植物の重量の40%がセルロースです。地球上には1～2兆トンの植物資源があるので、地球上には4000～8000億トンのセルロースが存在することになります。ちなみに、セルロースは地球上に最も多く存在する炭水化物です。

植物中でセルロースは繊維として存在し、細胞の中でヘミセルロース、リグニンと複雑に絡み合っています。人間はこのセルロース繊維を取り出し、古くからさまざまな用途に使ってきました。

例えば、紙や綿繊維はセルロース繊維からできています。ただしここで言う「セルロース繊維」は、本書のタイトルに付された「ナノセルロース」とは異なります。

どのようなことかと言えば、「セルロース繊維」は「ナノセルロース」より径が太く、20～40マイクロメートル（μm）と言われています。1μmは1000分の1㎜ですので、普通の顕微鏡でも十分に見ることができる大きさなのです。

一方で、セルロースはグルコース（ブドウ糖）が結合した高分子で、セルロースはグルコースが500～1万個つながったものです。少し専門的な解説になりますが、グルコースがβ-1，4グリコシド結合でつながったものがセルロースで、α-1，4グリコシド結合でつながったものがデンプンです。したがって、セルロースもデンプンも、分解するとグルコースになります。

ここで説明したセルロースは分子レベルの話で、「セルロース繊維」はこのセルロースの分子鎖が何億本も束になっています。植物中のセルロース、セルロース繊維、ナノセルロース、セルロースの分子鎖は、似た言葉ですが、大きさがまったく異なります。

要点BOX

- ●セルロースは植物の主成分
- ●セルロースは繊維状
- ●セルロースはグルコースから成る高分子

植物細胞の構造

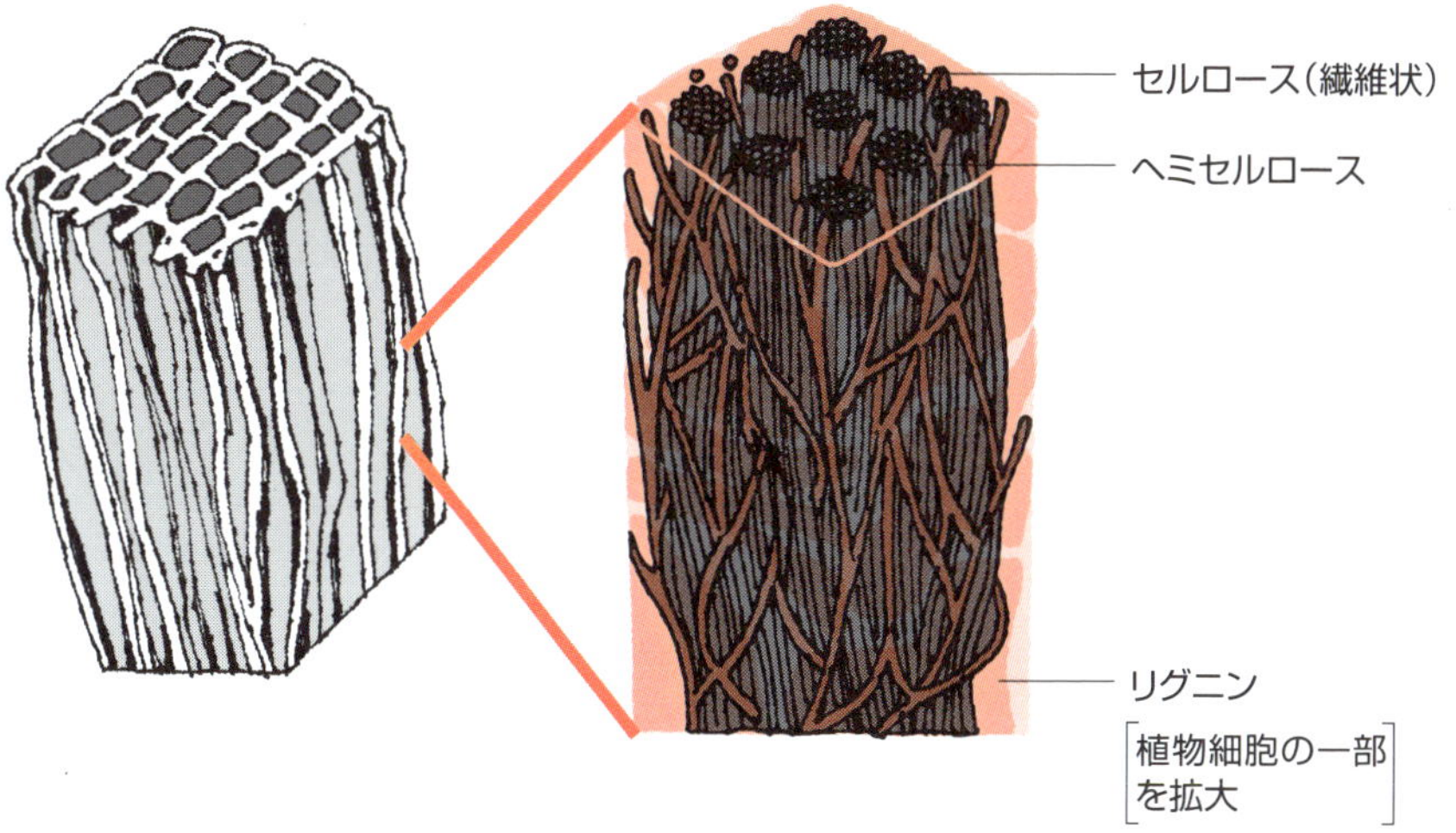

セルロースとデンプンの分子構造の違い

セルロース

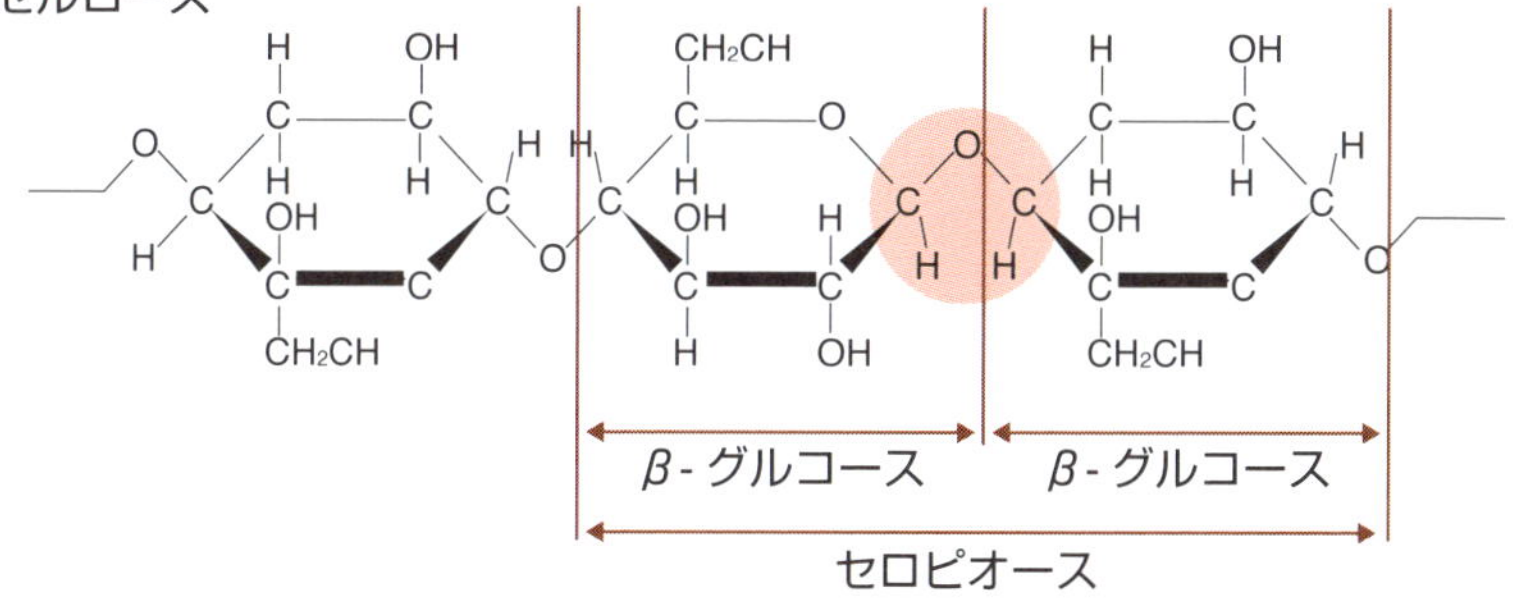

デンプン

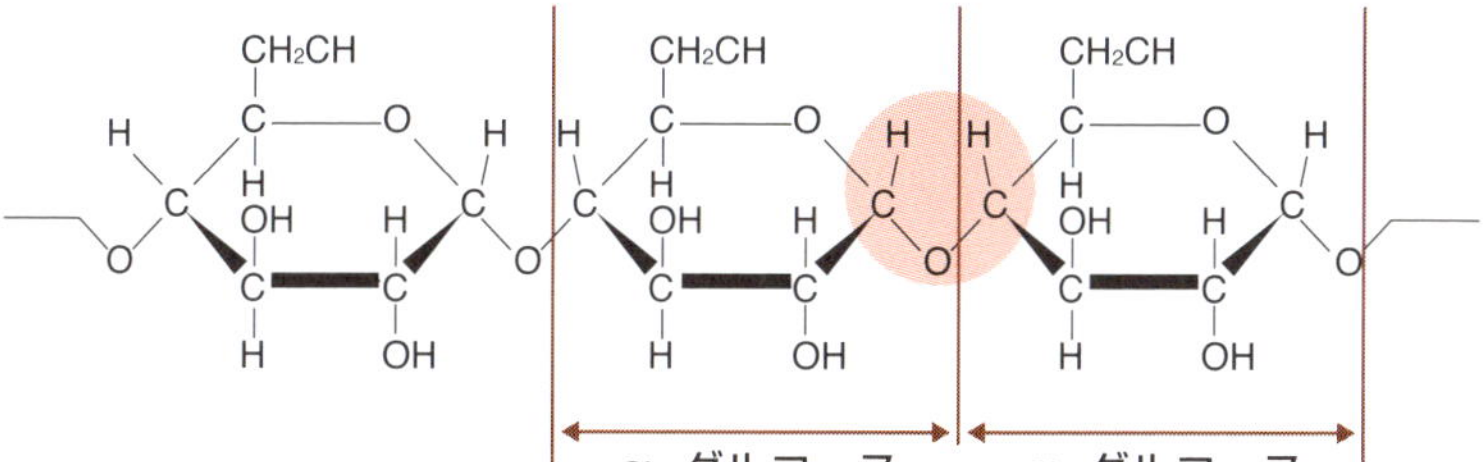

用語解説

炭水化物：単糖を構成成分とする有機化合物の総称で、糖質とも言われる。主として炭素、水素、酸素から成り、分子式では $C_mH_{2n}O_n$ と表すことができる。$C_m(H_2O)_n$ とも書けることが、炭水化物と言われる理由である。代表的な炭水化物はセルロース、キシロース、デンプンなど

2 セルロース繊維とパルプ

紙として利用するために余計な成分を取り除く

セルロースは植物の主成分の1つで、地球上に最も多く存在する炭水化物です。一般的に繊維状で、古くから紙や綿繊維として利用されてきました。

ところでワタという植物は、その種子の周りに白色の繊維の塊（いわゆる綿花）ができます。これは、ほとんどがセルロースからできています。この繊維を取るために、ワタは紀元前の時代から栽培されてきました。繊維を紡いで糸にし、さらにこれを織ることで織物として使ってきたわけです。ワタのセルロース繊維は、径が12～20㎛、長さは2～4㎝と言われています。

一方、木や草の中にもセルロース繊維は含まれており、これらは紙の原料として使われてきました。ただ木や草に含まれるセルロース繊維は、ヘミセルロース、リグニンと絡み合って存在しているため、これを利用するためには、ヘミセルロースやリグニンを取り除かなければなりません。この工程をパルプ化と言い、得られたセルロース繊維をパルプと呼んでいます。

パルプ化にはいろいろな方法があり、それによって得られるセルロース繊維の性状が異なります。主に機械的な力で木材組織を破壊することにより、セルロース繊維を取り出したものが機械パルプです。繊維が剛直ですが、リグニンが残っています。

一方、水酸化ナトリウムや硫化ナトリウムなどの薬品を加えて煮ることでセルロース繊維を取り出したものが化学パルプです。セルロースの純度が高く、しなやかな繊維が得られます。

製造する紙の種類に応じて、さまざまなパルプ化の方法が使い分けられています。現在生産されるパルプの約8割が、化学パルプの一種であるクラフトパルプです。ヘミセルロースやリグニンなどを除去した状態の、木から取り出したセルロース繊維は径が20～40㎛と言われています。

要点BOX
- ●セルロース繊維は紀元前から使われてきた
- ●繊維径は20～40μm
- ●植物から取り出したセルロース繊維がパルプ

綿花

クラフトパルプの作り方

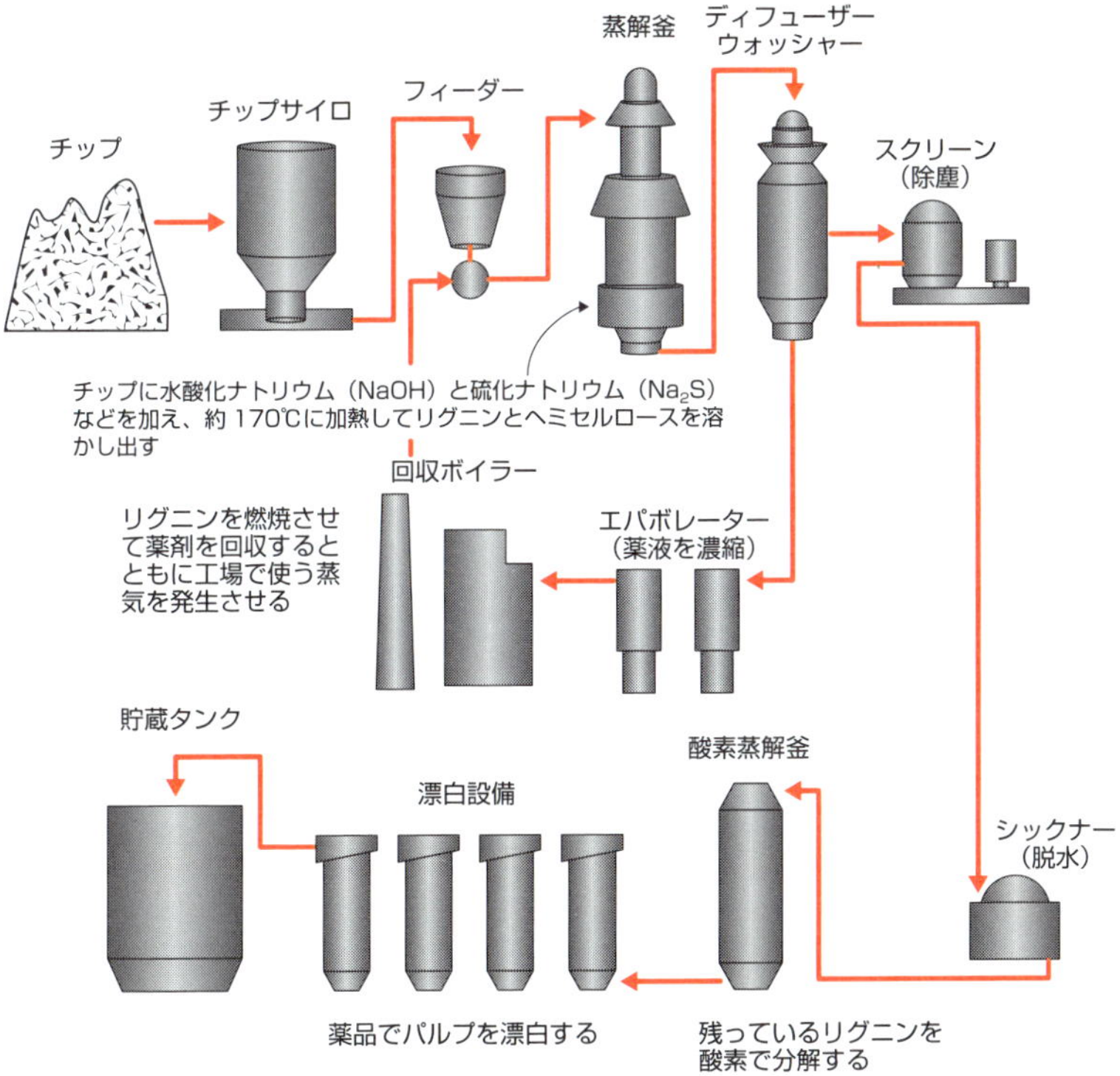

用語解説

パルプ：主として、紙を作るために植物から取り出したセルロース繊維。木を原料にした木材パルプが多用されるが、ワラ、バガス（サトウキビの搾りかす）、ヨシ、ケナフなど草本類からも作れ、これらを非木材パルプと呼ぶ

クラフトパルプ：最も一般的なパルプで、水酸化ナトリウムと硫化ナトリウムを主成分とした薬剤にチップ化した木材を入れ、170℃で2時間煮る（蒸解）ことでリグニンとヘミセルロースを除去し、さらに塩素で漂白する

3 セルロースミクロフィブリルとナノセルロース

繊維の径と長さで分類される

木から取り出したセルロース繊維は径が20～40㎛、ワタから取り出したセルロース繊維は径が12～20㎛ですが、これらはさらに細い繊維の束であることがわかってきました。この細い繊維1本1本のことを「セルロースミクロフィブリル」と呼んでいます。

セルロースミクロフィブリルの「ミクロ」とは「小さい」という意味で、「フィブリル」とは「原繊維」という意味です。セルロースミクロフィブリルは、これ以上細かくして取り出すことはできないので、Cellulose elementary fibril（セルロース単繊維）とも言われます。径は3～4ナノメートル（nm）です。

ところでセルロースは、グルコースがβ-1，4グリコシド結合で500～1万個つながった分子鎖であることは1項で説明しました。セルロースミクロフィブリルは、このセルロースの分子鎖が30～40本束になったものです。

それならこの分子鎖に分けることはできないのかと思うかもしれませんが、それはできません。セルロースミクロフィブリルが、取り出すことができる最小単位です。

このセルロースミクロフィブリルが1本1本ばらばらになったもの、あるいはセルロースミクロフィブリルが束になったもので、その径が1～100nmのものを総称して、ナノセルロース、あるいはセルロースナノマテリアルと呼びます。

ナノとは10億分の1を示す接頭語で、1nmは100万分の1㎜です。セルロース繊維、セルロースミクロフィブリル、ナノセルロースの関係を次ページに図示しました。ちなみにナノ物質とは、縦、横、高さのいずれかの長さが1～100nmの範囲にあるものを言います。ナノセルロースの定義も、これにならったものです。

要点BOX

- セルロースミクロフィブリルが最小単位
- ナノセルロースとは径がナノサイズであるセルロースの総称

セルロース繊維とナノセルロース

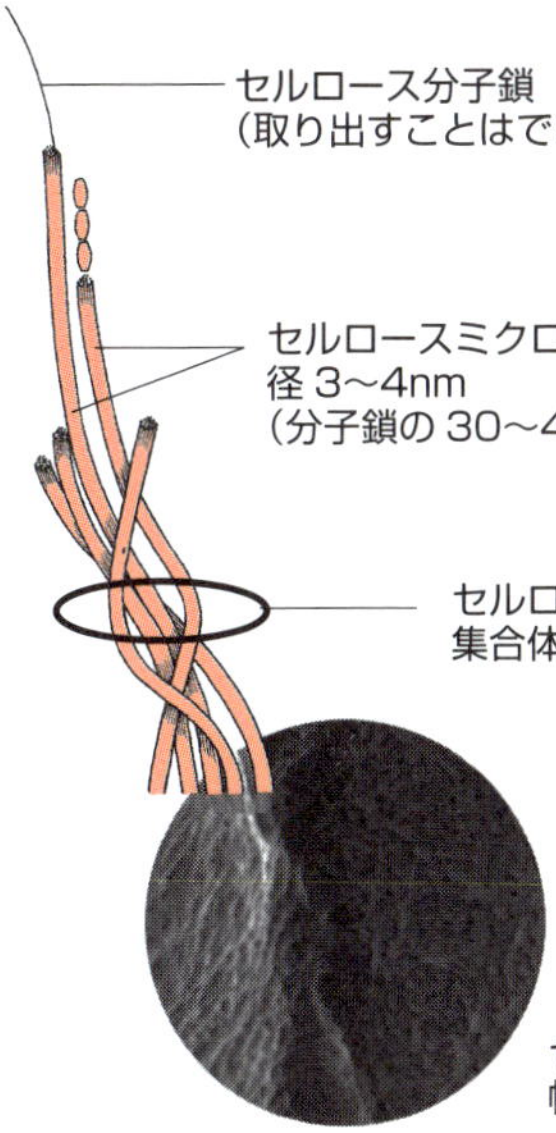

セルロースミクロフィブリルの大きさ

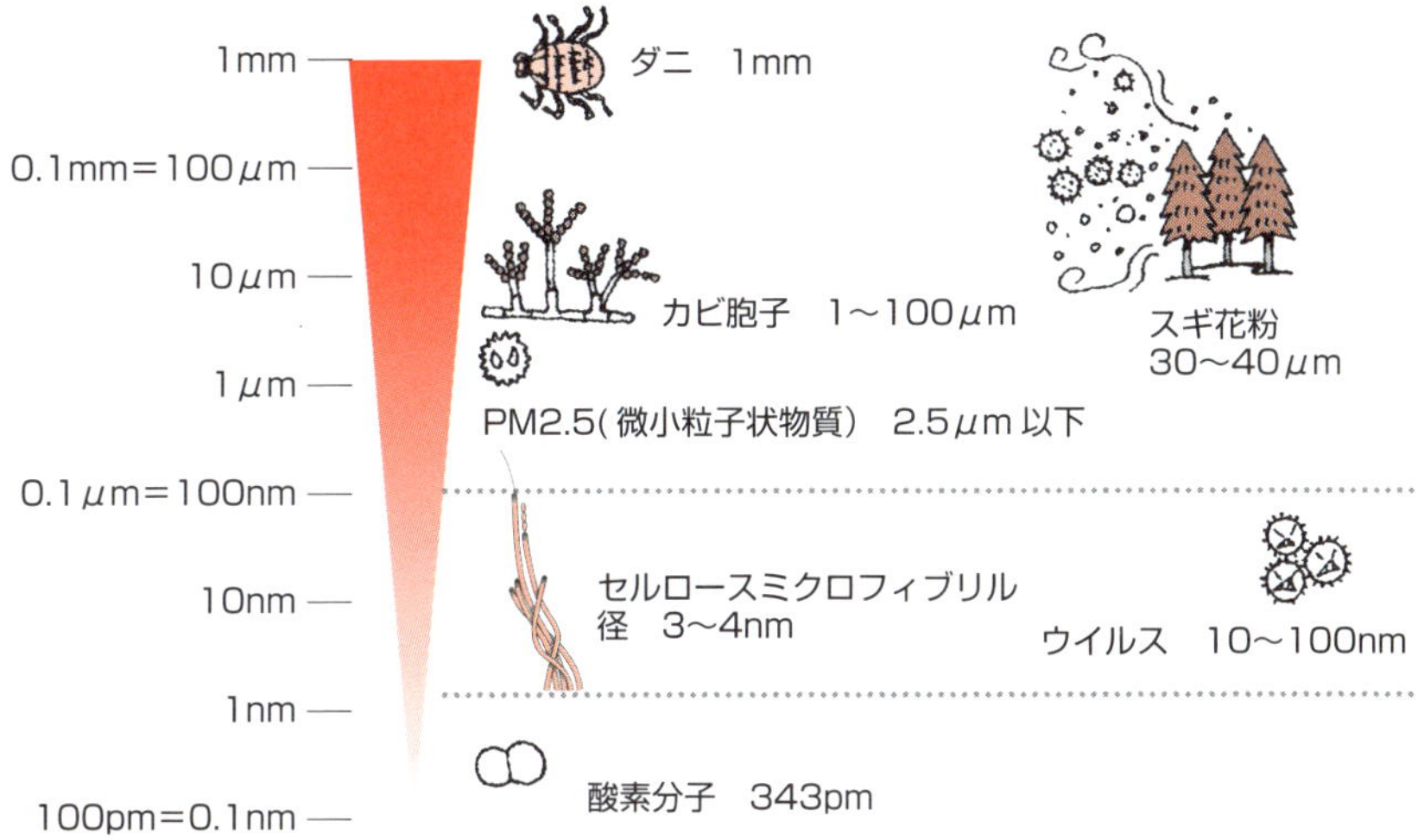

用語解説

ミリ、マイクロ、ナノ：長さや質量、時間などの量を表すために、さまざまな単位が用いられる。例えば長さはメートル（m）、質量はグラム（g）だが、これらの単位の前につける記号を接頭語と呼び、ミリは 1 ／ 1,000、マイクロは 1 ／ 1,000,000（100 万分の 1）、ナノは 1 ／ 1,000,000,000（10 億分の 1）となる

4 ナノセルロースに関する用語のあれこれ

同じモノでもいろいろな呼称がある

ナノセルロースに関する用語の定義は、Technical Specification（TS、20477：2017）として国際標準化機構（ISO）から発行されており、ここではこれに基づいて説明します。

ナノセルロースとは、ナノサイズのセルロースの総称です。ナノサイズのセルロースとは縦・横・高さのいずれかが1〜100ナノメートル（nm）のことです。Cellulose nanomaterial（CNM）も同じ意味で使われます。

次にセルロースナノファイバーについて説明します。日本ではこの言葉がよく使われ、CNFと略されることも多いと思います。実は、セルロースナノファイバーという用語を使っている国は少数派です。海外では一般的に、セルロースナノフィブリル（Cellulose nanofibril）（CNF）と呼ばれています。

またNanofibrillated cellulose（NFC）、Nanofibrillar cellulose（NFC）、Microfibrillated cellulose（MFC）、Microfibrillar cellulose（MFC）も同じ意味で使われています。ISOが発行するTSには径が3〜100nmで、長さは100μm以下、アスペクト比は10以上と書かれています。

セルロースナノクリスタル（Cellulose nanocrystal）（CNC）は紡錘状のナノセルロースで、径は3〜50nm、長さは0.1〜数μm、アスペクト比は5〜50です。電子顕微鏡で観察したときに、針状に見えることもあるので、セルロースナノウィスカー（Cellulose Nanowhisker）と呼ばれることもあります。カナダはCNCの国内規格を制定しており、これに基づいた国際規格を提案しています。カナダの国内規格は、CSAよりZ5100-17-Cellulose nanomaterials-Test methods for characterizationとして発行されており、誰でも入手することができます。

要点BOX

- セルロースナノファイバー（CNF）とセルロースナノフィブリルは同義
- セルロースナノクリスタルはCNFより短い

CNFとCNC

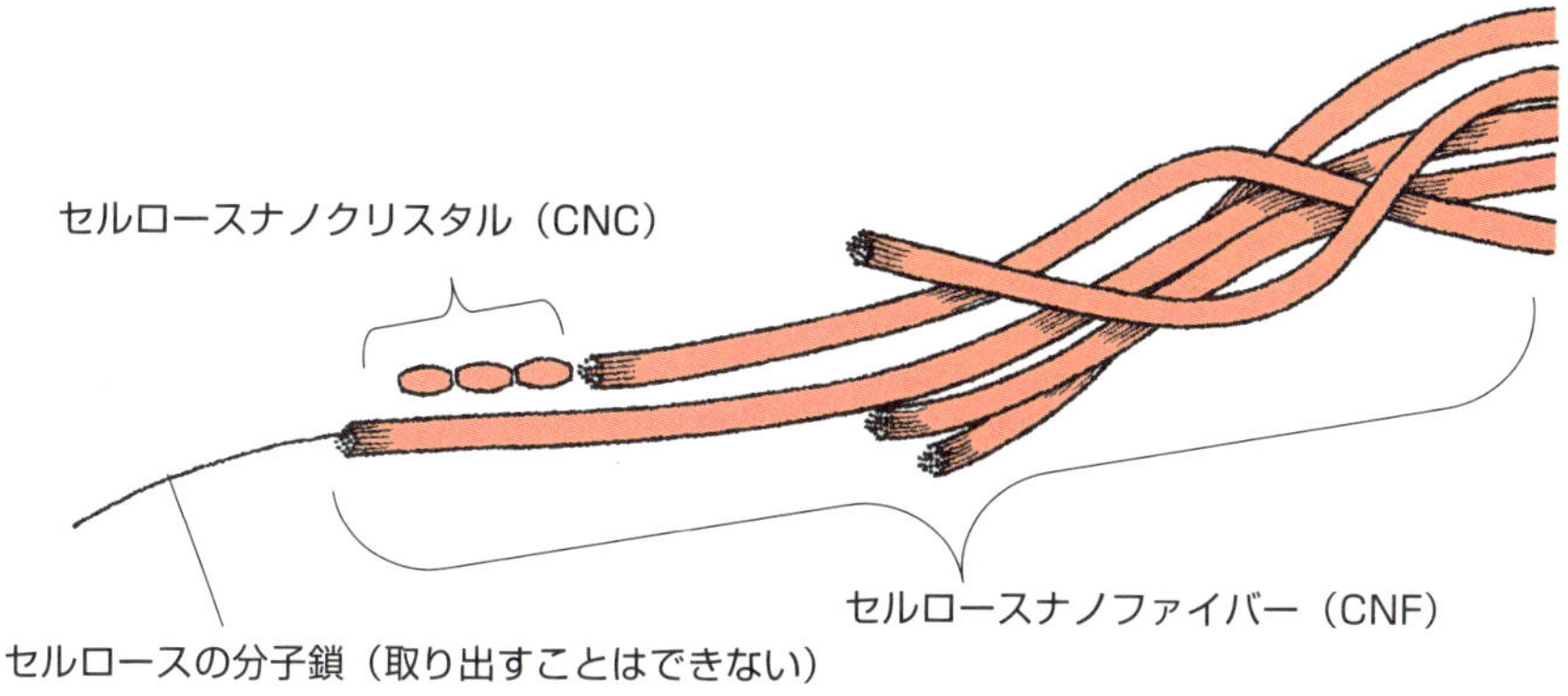

ナノセルロースに関する用語の階層構造

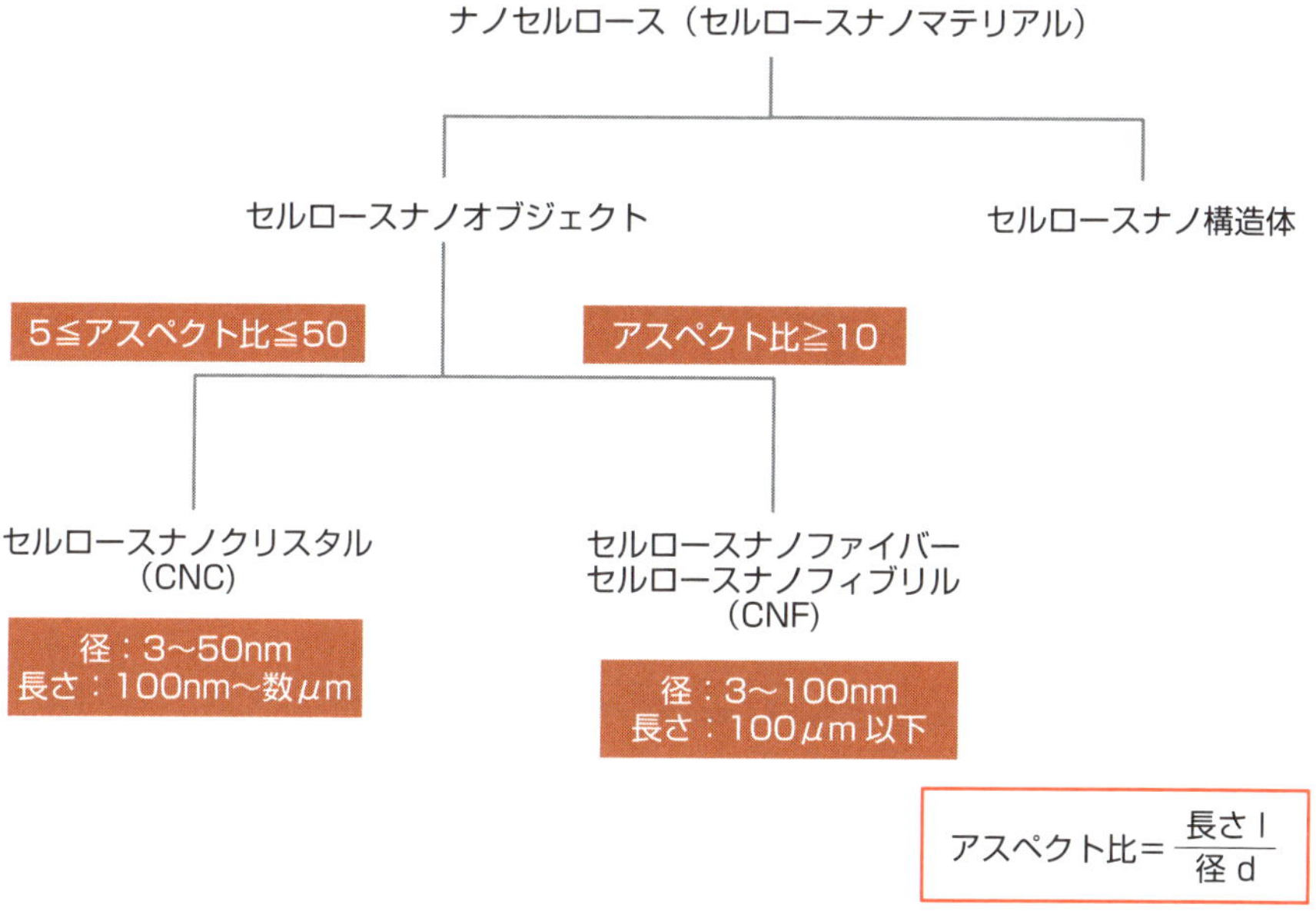

用語解説

国際規格：国際標準化団体が発行し、International Standard と呼ばれる。それ以外に Technical Specification(TS) や Technical Report(TR) を発行する場合があるが、これらは厳密な意味で国際規格ではなく、発行後に見直しが行われる

アスペクト比：繊維の長さを径で割った値。例えば長さが 5μm で径が 50nm の場合、アスペクト比は 5,000 ÷ 50=100 となる

5 作り方はいろいろ

分解と合成という2つの手段が基本

ナノセルロースは植物の成分の1つであるセルロース繊維を取り出し、細かくほぐすことで作られます。セルロースを含んでいる植物であれば、どのようなものからでもナノセルロースを作ることができます。木以外にも草や竹、野菜くずなどから、ナノセルロースを得ることができます。また紙はセルロース繊維からできていますので、紙や古紙からナノセルロースを作ることも可能です。

このように植物からセルロース繊維を取り出し、それをほぐして、さらに細かくほぐすことで、ナノセルロースは得られます。

ところで、植物中のセルロースはどのようにして作られたのでしょうか。これは植物が成長する過程で、植物細胞の中で合成されたものです。セルロースはグルコース（ブドウ糖）がβ-1，4結合でつながったもので、これが束になったものがセルロース繊維です。セルロースはグルコースを原料として植物細胞の中で合成され、束になって太くなり、植物の構造を支えています。そのため、セルロースは構造多糖と呼ばれています。

自然界でセルロースが合成されるのならば、ナノセルロースも合成によって作ることができます。細菌の中には、グルコースを原料に、セルロースを合成する能力を持つものがあります。この細菌を利用してナノセルロースを人工的に作ることが可能で、そのようなセルロースは細菌（バクテリア）から作られることから、バクテリアセルロース（Bacteria Cellulose：BC）と呼ばれています。

ナタデココはバクテリアセルロースの一種です。なお、バクテリアセルロースについては詳しく後述します。このように、ナノセルロースは、自然界で作られたセルロースを分解して作る方法と、人工的に合成する方法があることを覚えておいてください。

要点BOX

- ナノセルロースの製法は植物を分解して取り出すのが主流
- 微生物を使って合成する方法もある

ナノセルロースの作り方

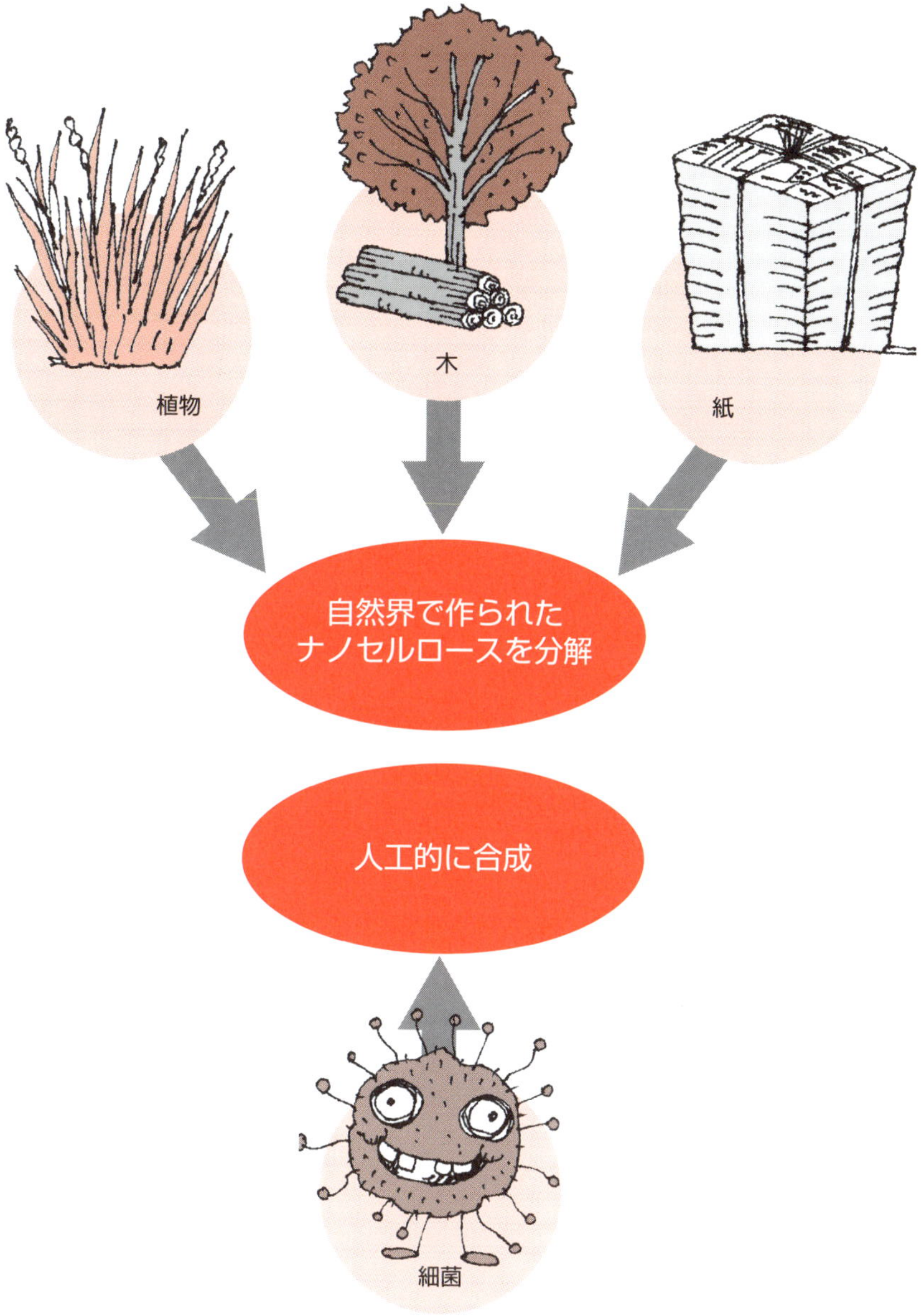

用語解説

構造多糖：生物の体を形作り、強度を与えるための多糖を構造多糖と呼ぶ。植物の細胞壁にあるセルロースやペクチン、動物の甲殻類（エビ、カニ）や昆虫類の外皮にあるキチンなどがそれぞれの骨格を支えている

6 種類もいろいろ

大きく5つに分けられる

ナノセルロースは原料、製造方法、形状などいろいろな観点から分類することができます。ここではわかりやすくするため、ナノセルロースを5種類に分けて説明したいと思います。

まずは完全分散したセルロースミクロフィブリルです。これはＴＥＭＰＯ触媒酸化、リン酸エステル化などの化学処理をした後、機械的にセルロース繊維をほぐすことで、径が3～4ナノメートル（㎚）のセルロースミクロフィブリルが1本1本に分散したものが得られます。日本ではセルロースナノファイバーと呼ばれています。

次に完全分散しておらず、束になったセルロースミクロフィブリルです。これは、物理的にセルロース繊維をほぐすことで得られます。言い換えれば、物理的な方法だけでは、1本1本のセルロースミクロフィブリルを得るのは簡単ではないということです。こちらも、先の例と同様にセルロースナノファイバーと呼ばれています。

3番目は完全分散しておらず、束になったセルロースミクロフィブリルの表面にリグニンが付着しているもので、リグノセルロースナノファイバーと呼ばれています。

4番目はセルロース繊維を酸で加水分解することで得られる結晶状の物質で、セルロースナノクリスタル（ＣＮＣ）と言われるものです。ＣＮＣは硫酸分解により海外で商業生産されており、用途開発も活発に行われています。径が3～50㎚で、長さは100㎛～数㎛以下、アスペクト比は5～50とされています。

最後はグルコースなどを原料に細菌によって作られるバクテリアセルロースです。こちらは径が20～50㎚ですが、これをさらに分解したものも使われています。日本でも生産されており、一部は食用として用いられています。

要点BOX

- 形状や性状がそれぞれ異なる
- セルロースナノファイバーと呼ばれているものの中にも、いろいろなものがある

ナノセルロースの種類

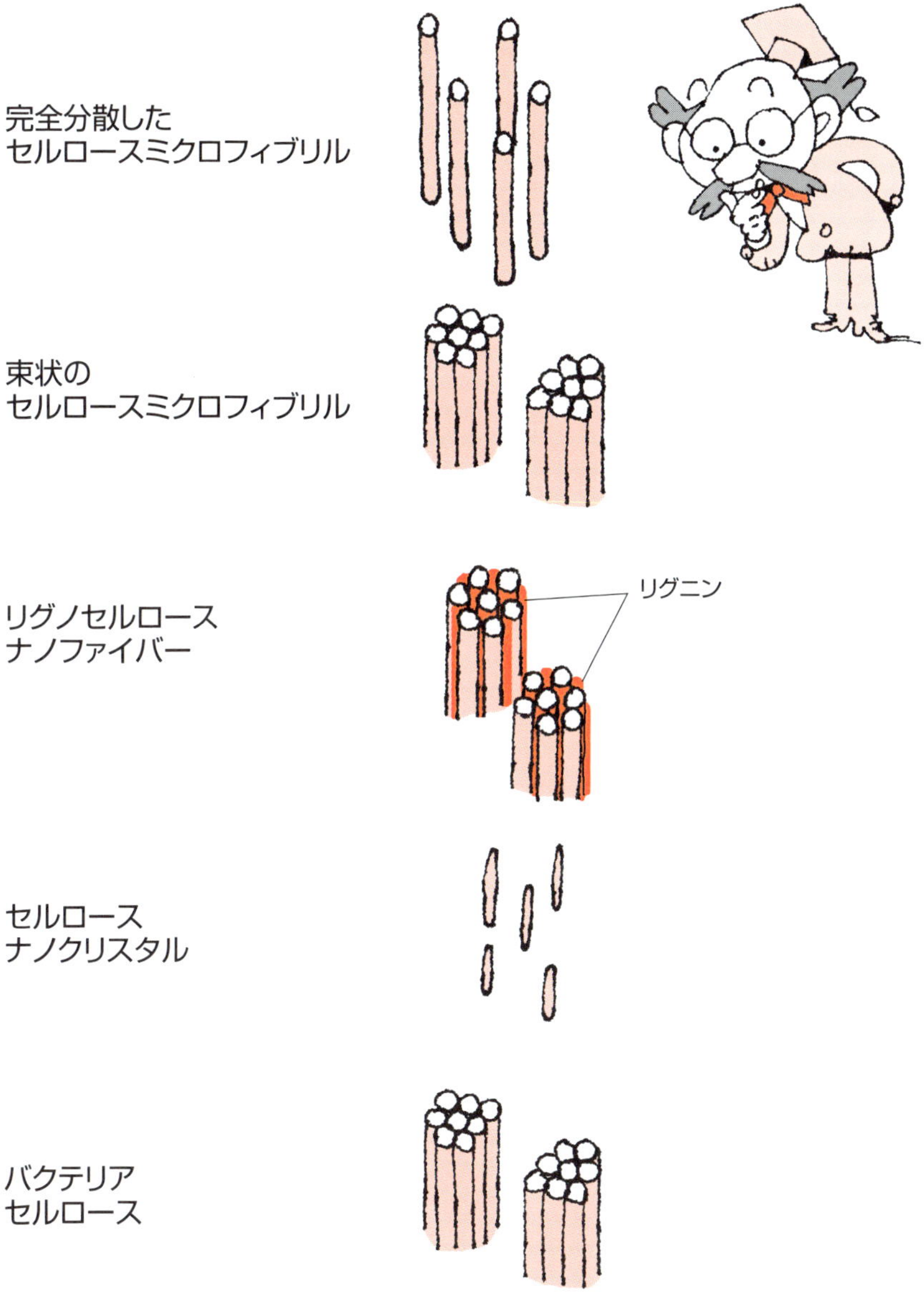

用語解説

TEMPO 触媒酸化:TEMPO という触媒を用い、セルロースミクロフィブリル表面に露出した C6 位の 1 級ヒドロキシ基（OH）をカルボキシ基（COOH）に変換すること。セルロースミクロフィブリル同士が離れやすくなり、完全分散しやすくなる。詳しくは 9 項を参照

7 カルボキシメチルセルロースは兄弟？

さまざまな分野で応用される

セルロースナノファイバー（CNF）やセルロースナノクリスタル（CNC）とよく似た名前の材料として、カルボキシメチルセルロース（CMC）があります。

CMCはセルロースに含まれるヒドロキシ基（-OH）の一部をエーテルに置換し、カルボキシメチル基（-O-CH_2-COOH）を結合させたものです。極性のカルボキシ基（-COOH）がセルロースを溶けやすくし、化学的に反応しやすくなっています。セルロースは水には溶けませんが、CMCは水に溶けます。どの程度ヒドロキシ基がカルボキシメチル基に置換しているのかと、セルロースの骨格構造の長さによって性質が決まります。

カルボキシメチルセルロースナトリウム（ナトリウム塩）は、白色粉体または顆粒として販売され、毒性やアレルギー性はないと言われています。さまざまな種類がありますが、食品添加物グレードで1kg当たり3000円程度です。食品添加物として国内外で認可されており、一日摂取量の制限はないと言われています。

アイスクリームやヨーグルトなどの増粘剤、分散安定化剤、ダイエットフード、飲料の乳化分散剤として使用されるほか、医薬錠剤の崩壊安定、パップ剤の保水、点眼液（人工涙液）の潤滑剤、練り歯磨きの粘度調整、シャンプーの泡安定などにも広く使われています。

ところで、CMCはセルロース繊維から作ることもできますし、ナノセルロースから作ることも可能です。

ここで説明したCMCは、セルロース繊維から作られたCMCのことですが、ナノセルロースから作られた場合はカルボキシメチル化（CM化）CNFと呼ばれています。CM化CNFのリスク評価については、CNFやCNCと同じように行う必要があるとされています。

要点BOX
- セルロースのヒドロキシ基を置換したものでナノセルロースではない
- 食品添加物として広く使われている

CMCの化学構造

セルロースのCH_2OHがCH_2OCH_2COONaに変わる（カルボキシメチル化）

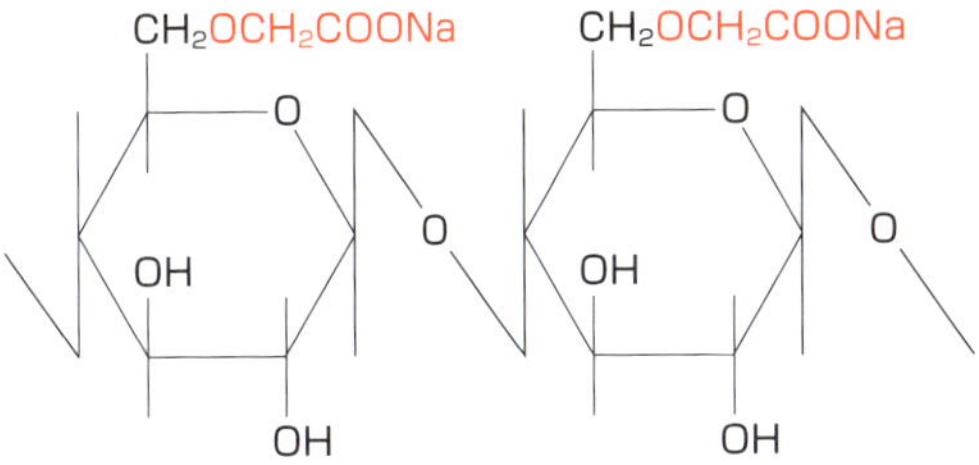

カルボキシメチルセルロース（CMC）

製品として売られているCMC

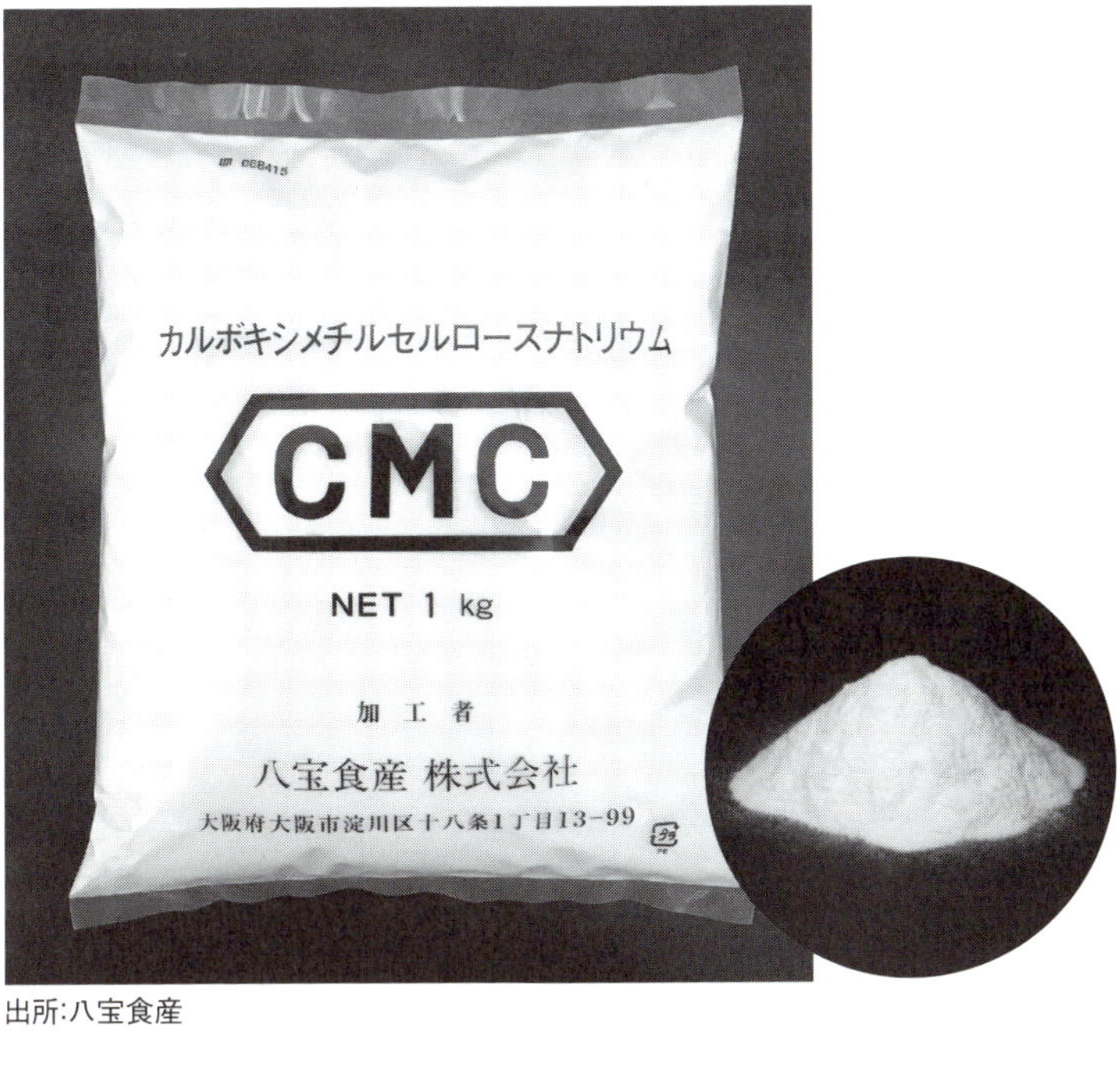

出所:八宝食産

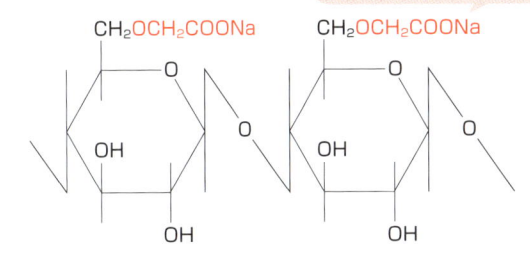

Column

ナノセルロースは食べられますか？

　唐突な質問ですが、結論から言うと食べられます。というより、すでに私たちはナノセルロースを食べています。

　例えば寒天のような食感で人気のあるデザート「ナタデココ」は、バクテリアが作る天然のナノセルロースです。また食品添加物「微小繊維状セルロース（パルプまたは綿を微小繊維状にして得られたセルロースを主成分とするもの）」は、増粘安定剤や製造用剤として、食品添加物としての使用が認められており、消費者はすでに口にしています。

　ただ、食べられますが消化・吸収はされません。ナノセルロースを経口投与して影響を調べた研究も行われていますが、有害危険性があったという報告はなされていません。

　一方、ナノサイズではないセルロースは、野菜や果物、キノコ、豆類に広く含まれており、食物繊維と呼ばれています。こちらも消化・吸収はされないのですが、食物繊維は人間の腸内の有害物質を減らしたり、腸内細菌のバランスを整えたりする効果があるため、日本人の食事摂取基準で男性は1日19g、女性は1日17gの摂取目標が定められているくらいです。セルロースは、ナノサイズであるなしにかかわらず食べられますが、消化・吸収はしないということです。

　それでは、ナノセルロースをいくら食べても本当に体に影響ないでしょうか。仮に、3食すべてナタデココで置き換えた生活を続けたとします。その人は翌日には下痢をし、やがて間違いなく栄養失調になります。でも、そのことが有害危険性を指すものでないことはご理解いただけると思います。

第2章 どうやって作るの?

8 「分解」と「合成」が製法のキーテクノロジー

求める性状に合わせて適切な方法を選ぶ

ナノセルロースの作り方は、大きく分けて、植物に含まれるセルロース繊維を分解して取り出す方法と、グルコースなどの糖から微生物で合成する方法があることを説明しました。第2章では製造方法について、詳しく解説していきます。

まず分解については、薬品を使った化学的な分解、機械を使った物理的な分解、酵素を使った生物的な分解の3つに分けられます。セルロース繊維を分解し、ほぐすことでさらに細かい繊維にすることを解繊と言います。物理的な解繊と化学的な分解は単独で使われることもありますが、複数の方法を組み合わせて使っているケースも多くあります。例えば、TEMPO酸化触媒で化学的に処理した後に物理的に分解する方法、酵素で生物的に分解した後に物理的に分解する方法などがこれに当たります。物理的な分解には、原料や処理量、生成物の性状に合わせてさまざまな種類の機械が使われています。以後、追って紹介していきます。

次に合成については、基本的にはグルコースなどの糖質を原料に、酢酸菌という細菌を使ってセルロースナノファイバー（バクテリアセルロース：BC）を作ります。このとき、細菌の種類や培養条件によって製造されるBCの性状や生産速度、収率に違いがあります。またBCをさらに化学的な処理、物理的な処理、酵素を用いた処理で分解している場合もあり、得ようとするナノセルロースの性状に合わせて、さまざまな組合せが考えられます。

ナノセルロースの作り方は多種多様で、決まった方法はありません。原料、処理量、製造するナノセルロースの性状、価格などを踏まえて、さまざまな方法の中から適切な方法を選び、さらに条件を最適化しているのが現状です。また樹脂の補強に使う場合は、物理的な分解と樹脂との混練を同時に行うプロセスも考えられています。

要点BOX

- ●基本的には植物のセルロース繊維の分解か、グルコースなどを原料にした合成のいずれか
- ●製法は多種多様で決まった方法はない

ナノセルロースの製造プロセス

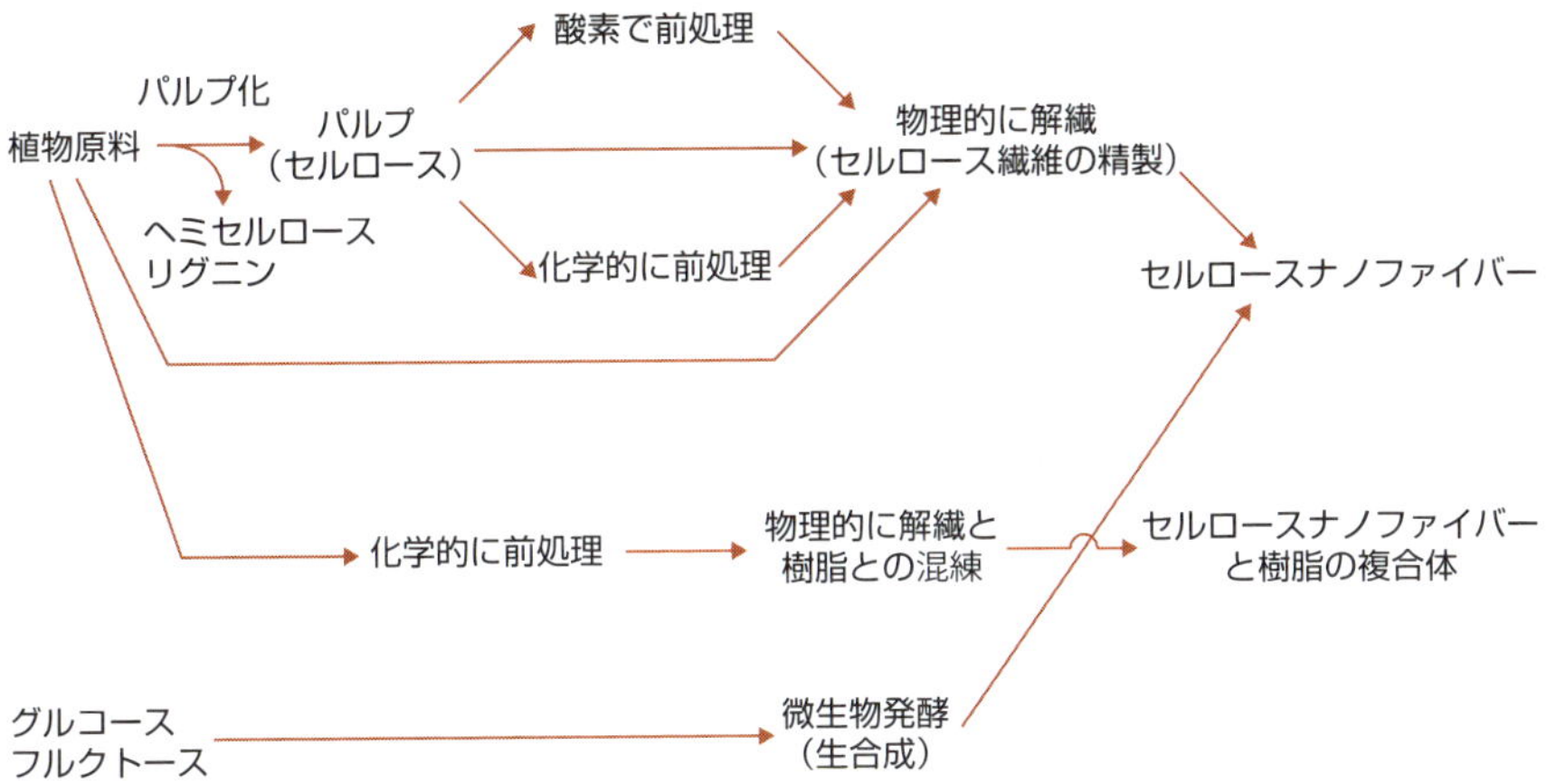

これらの中から適切な方法を
選んで条件を最適化

用語解説

解繊：植物組織の中でセルロース繊維はヘミセルロース、リグニンに覆われた状態にあり、植物組織からセルロース繊維を取り出すこと、あるいはさらにそれをほぐすことで細かい繊維にすること

バクテリアセルロース：細菌が合成するナノセルロースで、酢酸菌で製造するものが特に研究されている。またココナッツジュースを原料に、酢酸菌の一種であるナタ菌が作るバクテリアセルロースはナタデココと呼ばれ、古くから食用にされている

9 TEMPO触媒酸化と撹拌

効率良くセルロースミクロフィブリルが得られる

セルロース繊維をTEMPO触媒で酸化した後、家庭用のミキサーなどで撹拌すると、径が2～3ナノメートルのセルロースミクロフィブリルを容易に得ることができます。この方法が発明されるまでは、セルロース繊維を物理的な方法で解繊するしかなかったため、セルロースミクロフィブリルを1本1本分散した状態で取り出すことは困難でした。この方法により薬品と簡単な装置さえあれば、常温・常圧でどこでもセルロースミクロフィブリルが製造できるようになりました。

TEMPO触媒酸化は、まず原料となるパルプにTEMPOと臭化ナトリウム（NaBr）を加え、次亜塩素酸ナトリウム（NaClO）を加えて常温常圧下、pH10を維持するように希NaOH水溶液を添加しながら撹拌します。すると、セルロースミクロフィブリル表面に露出したC6位の1級ヒドロキシ基（OH）が、C6カルボキシ基（COOH）に変換されます。セルロースミクロフィブリルの表面に、高密度で親水性のカルボキシ基のNa塩が生成することにより、簡単な撹拌でセルロースミクロフィブリルの単繊維が得られます。

TEMPO触媒は高価な薬品ですが、反応後に回収して再利用できます。機械的な方法で解繊する場合と比べ、セルロースミクロフィブリルを得るためのエネルギー量を大幅に減らすことが可能です。

この方法は東京大学の磯貝明教授らが発明したもので、同方法で製造されたセルロースナノファイバーはTEMPO触媒酸化セルロースナノファイバー（TOCN）と呼ばれ、世界中で研究に使われています。日本では特許の実施権の許諾を受けた日本製紙と第一工業製薬が、TOCNを国内で製造販売しています。磯貝教授らはこの功績により、森林科学分野のノーベル賞と言われるマルクス・ヴァーレンベリ賞を2015年に受賞されました。

要点BOX
- ●触媒でセルロース表面にCOONaを入れる
- ●セルロースミクロフィブリルを分散状態で取り出すことができる

TEMPO触媒酸化の原理

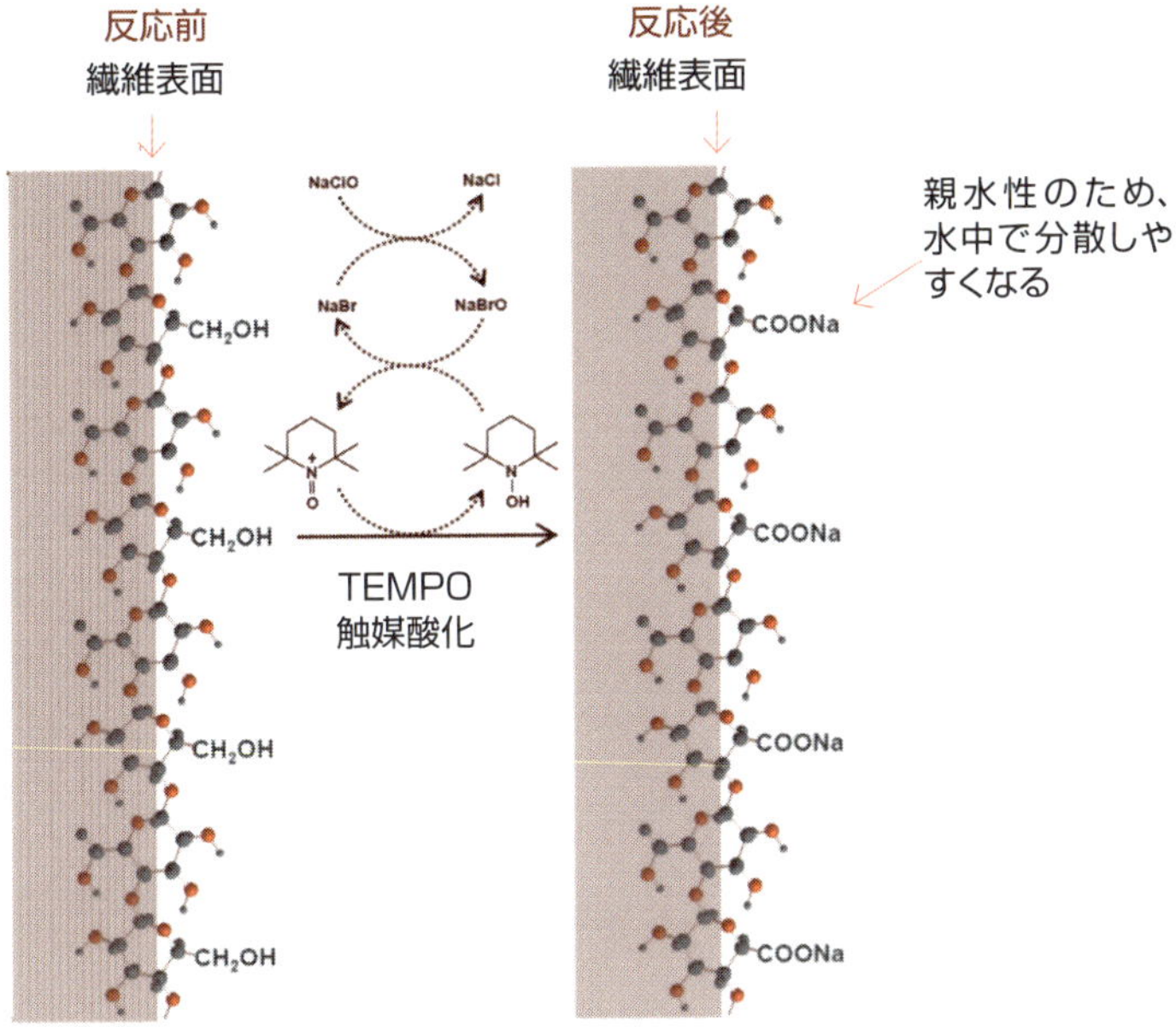

TOCNの電子顕微鏡写真

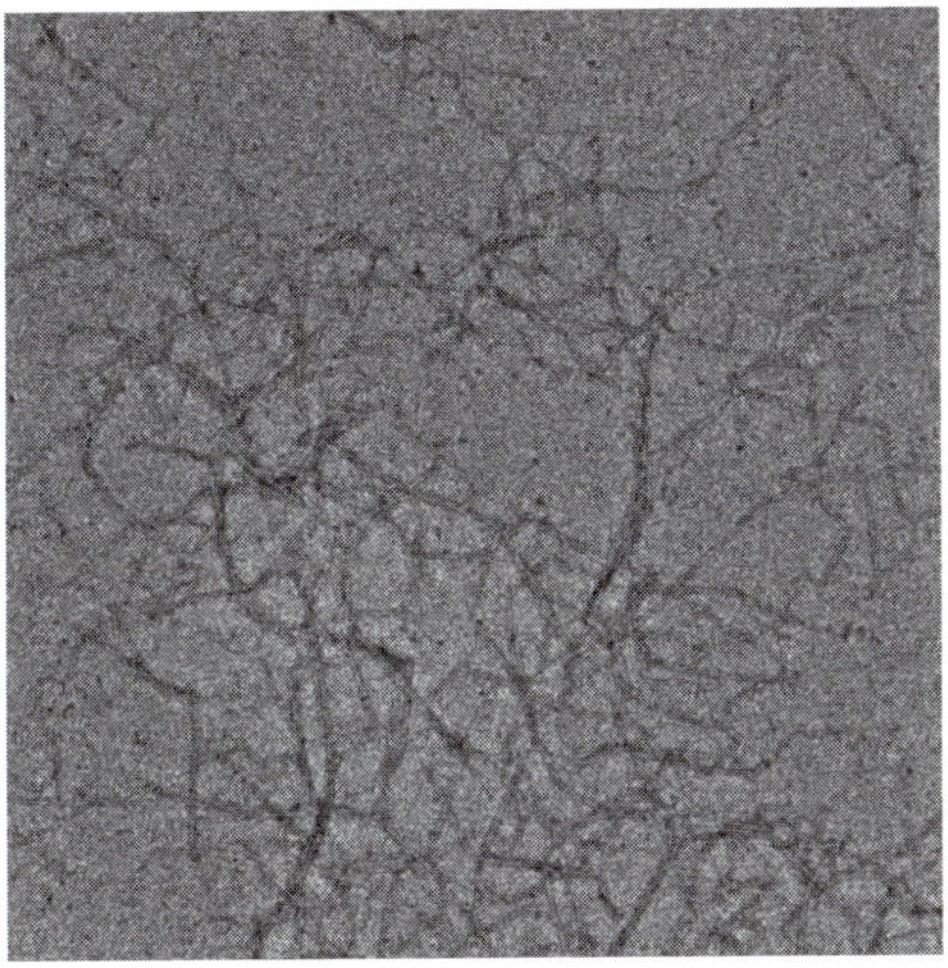

セルロースミクロフィブリルが1本1本に分散している

100nm

HV=200.0kV
Direct Mag:15000x

用語解説

TEMPO（テンポ）:2, 2, 6, 6- テトラメチルピペリジン 1- オキシルという名称の化学薬品の略称。次亜塩素酸ナトリウムと亜塩素酸ナトリウム、または臭化ナトリウムを共存させることで、常温・常圧で 1 級アルコールをカルボン酸に変換できる

10 高圧式ホモジナイザーによる解繊

衝突と急激な圧力変化で繊維がほどかれる

高圧式ホモジナイザーを使ってセルロース繊維に圧力をかけることで解繊し、セルロースナノファイバー（ＣＮＦ）を製造することができます。

マントンゴーリン社（現ＡＰＶ社）は１９８２年に高圧式ホモジナイザーを開発し、ゴーリンホモジナイザーと名づけました。ＩＴＴ社（現レヨニア社）はこのゴーリンホモジナイザーを使って、木材パルプの水懸濁液からＣＮＦを製造することに１９８３年に成功しました。

ゴーリンホモジナイザーの構造を次ページに図示します。原料の水懸濁液を図の左側から入れ、35～55ＭＰａという非常に高い圧力をかけます。装置にはオリフィスと呼ばれる細い隙間があり、水懸濁液がここを通過する際、水懸濁液中のセルロース繊維が解繊されます。

処理条件は、水懸濁液中の原料濃度が4～7%、オリフィス径が０・４～６㎜、処理圧力が35～55ＭＰａ、オリフィスの通過回数は１～80回と言われています。この処理によって、径が20～60ナノメートル（nm）、長さが数μmのＣＮＦが得られます。

このＣＮＦは、１９９０年にダイセル化学工業（現ダイセル）が工業生産を行い、「セリッシュ」の商標名で販売を開始しました。現在はダイセルファインケムが販売しています。ミクロフィブリル化セルロース繊維という一般名称で、径は10～１００nm、性状は固形分が10～35%のスラリーです。

各種粉体・繊維状物のバインダー（接着剤）、紙の製造工程における紙力増強剤、食品の食感改良を目的とした添加物や酒類の濾過助剤などとして、幅広く使用されています。

製品には複数のグレードが設けられていて、食品グレードに位置づけられるものは食品添加物として認められています。

要点BOX

- セルロース繊維の水懸濁液に高い圧力をかけることで、物理的に解繊する
- 10～100nm径のCNFが得られる

ゴーリンホモジナイザーの仕組み

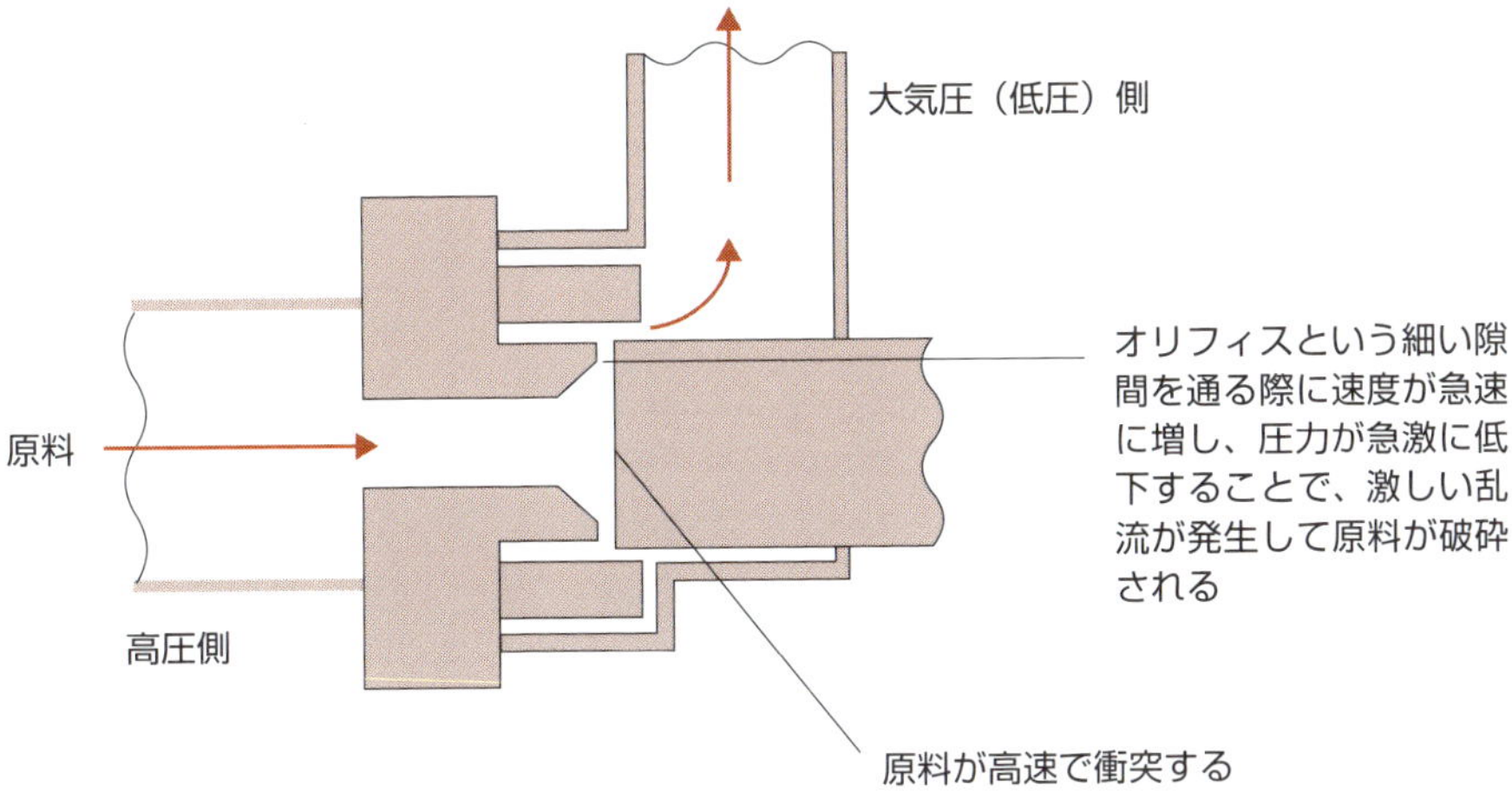

「セリッシュ」の顕微鏡写真

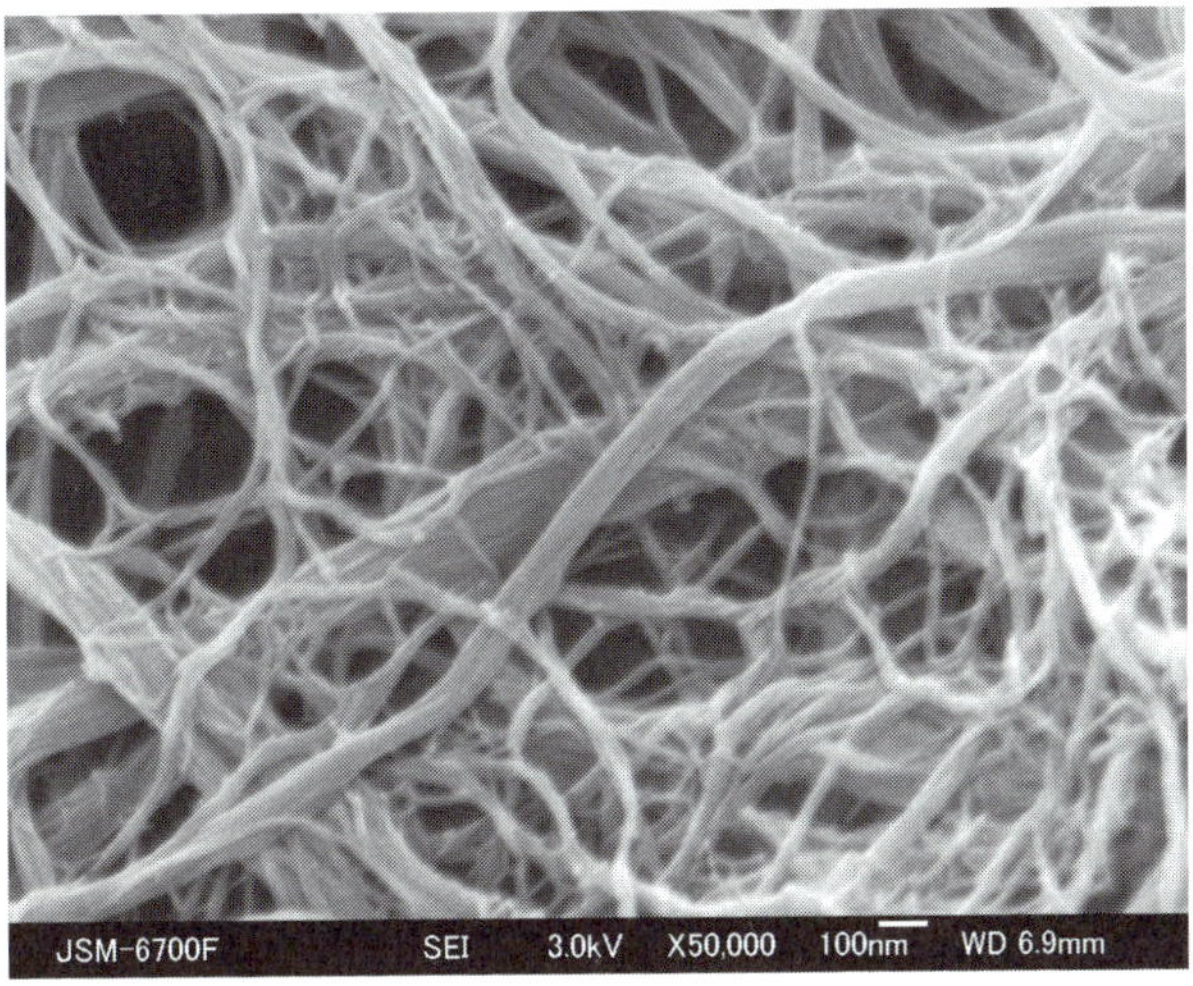

出所:ダイセルファインケム

11 リファイナーによる解繊

製紙工場で多用される装置を応用

リファイナーはパルプを解繊して紙を作るために、製紙工場で広く使われている装置です。その1つであるディスクリファイナーを使って、セルロースナノファイバー（CNF）を作る方法について説明します。

ディスクリファイナーには鉄製のリング状の刃物が複数枚セットされ、片方が毎分1000回転以上で高速回転し、もう片方は固定されています。リング状刃物とは、ディスクの表面に細かい溝が刻まれたもので、目的に応じて溝の深さ・幅・刃の角度が決められます。

2枚の刃物の隙間を原料の水溶液が通過する間に、流体に対して衝撃波が与えられ、流体に含まれるセルロース繊維を解繊します。繊維に対してせん断力を与えるわけではないため、繊維そのものの切断は少ないと言われています。

製紙工程ではパルプからセルロース繊維を製造するために用いられますが、さらに径の小さいCNFを作るためには、刃物のスリットの溝のパターンを変えるとともに、原料をリファイナーで複数回処理する必要があります。処理する際の固形分濃度は3％と言われています。

米国の紙・パルプ関連機械メーカーであるGL&V社では、ディスクリファイナーを用いたCNF製造プロセスを開発し、販売しています。また
メーン大学で供給されているCNFサンプルは同プロセスで製造されており、径は50ナノメートル、BET法（詳しくは30項を参照）による比表面積は31～33㎡／gです。さらにノースカロライナ州立大学などがこのプロセスの経済性評価を行っており、日産50トン（乾燥重量）の製造設備を単独で設置した場合の製造原価は原料となるパルプの調達費や運転経費を含めて1・9ドル／kg（乾燥重量）、紙・パルプ工場内に設置した場合は1・5ドル／kg（同）という数値を公表しています。

要点BOX
- ●セルロース繊維の水懸濁液に衝撃波を与えることで、物理的に解繊する
- ●衝撃波で溶解するため繊維の切断は少ない

ディスクリファイナーの原理

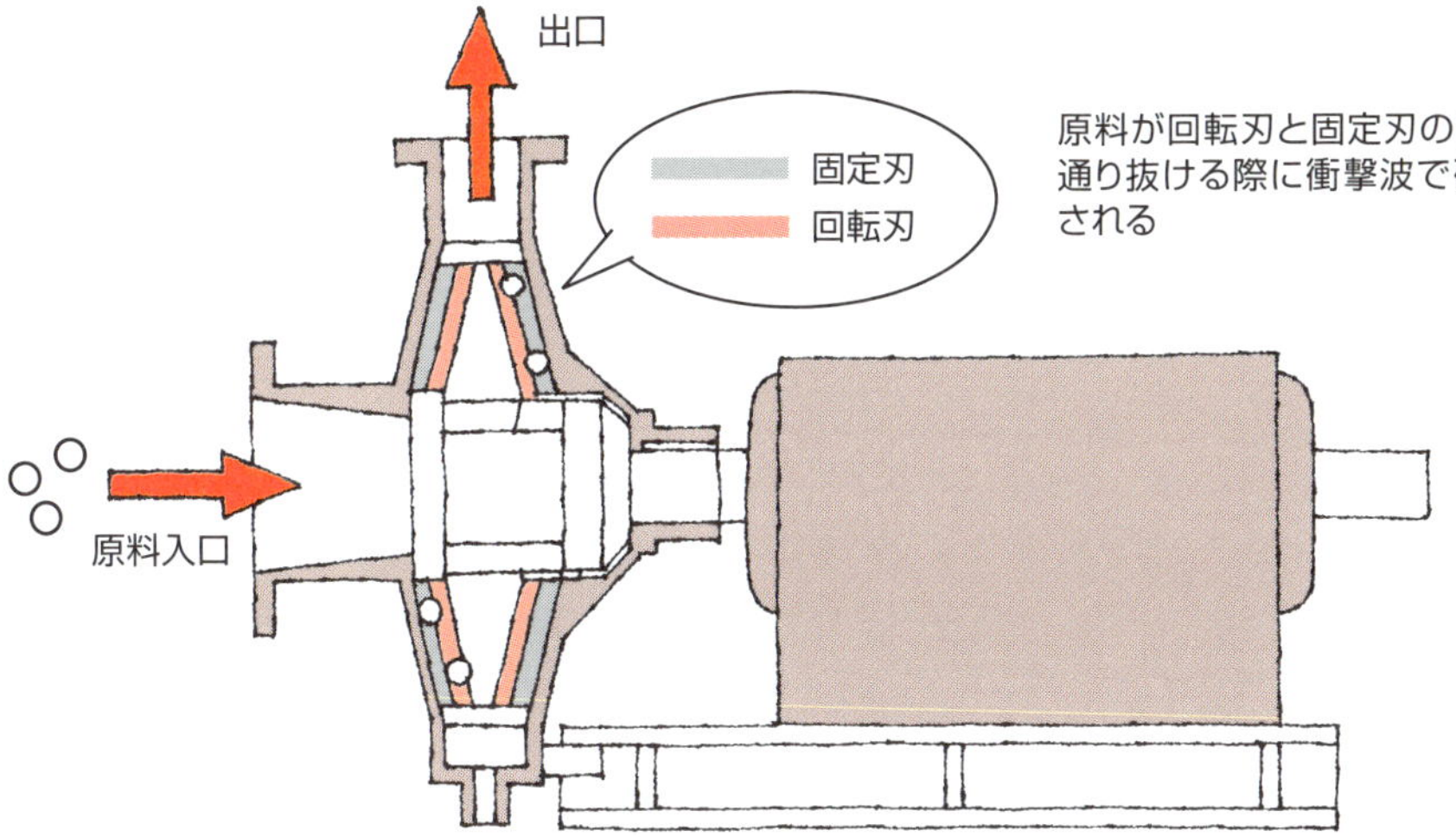

原料が回転刃と固定刃の間を通り抜ける際に衝撃波で破砕される

CNF製造用ディスクリファイナー

出所:GL&V社

12 石臼式磨砕機による解繊

砥石の間隔を調整して任意の大きさに仕上げる

セルロース繊維を物理的に解繊する方法として、グラインダーの一種である石臼式磨砕機を使う方法があります。石臼と言えば小麦粉やそば粉を作るためのものを連想しますが、増幸産業が製造・販売する「スーパーマスコロイダー」という専用磨砕機が一般的に使われています。

石臼の砥石の表面には、人為的に凹凸がつけられるとともに多数の細かな穴(これを気孔と呼びます)が設けられていますが、スーパーマスコロイダーで使用されている砥石には気孔がありません。一般的な多孔質の砥石では約40%の気孔率があるため、水が接触すると多孔質の内部に浸透しますが、同社の無気孔砥石(世界12カ国特許)は砥石に気孔がなく、原料が内部へ浸透しません。そのため、砥石表面で菌の増殖が起こらず抗菌性が保たれ、HACCPにも対応しています。

また、石臼は上下2枚の砥石の間に原料を通して摩擦力により細かくしますが、砥石の間隔を調整することは通常できません。スーパーマスコロイダーは、2枚の砥石の間隔を精密に調整できる点に特徴があります。そのため原料に応じて、さまざまな条件でセルロース繊維の解繊を行うことができます。

スーパーマスコロイダーでセルロースナノファイバーを作るためには、パルプやリグニンが残った木粉の水懸濁液を入れ、セルロースの繊維を解繊します。物理的に解繊するだけなので、原料の組成と生成物の組成はほぼ同じになります。ただナノサイズにするためには、水懸濁液中の固形分濃度を低くするとともに、複数回装置にかけて解繊する必要があります。

同装置はナノセルロースの研究を行う世界中の研究機関で多用され、スーパーマスコロイダーという商品名が、研究者の間では普通に名詞として使われています。

要点BOX
- グラインダーの一種である石臼式磨砕機ですりつぶすことで、物理的に解繊する
- 懸濁液の固形分濃度を低くし、複数回解繊する

石臼式磨砕機の原理

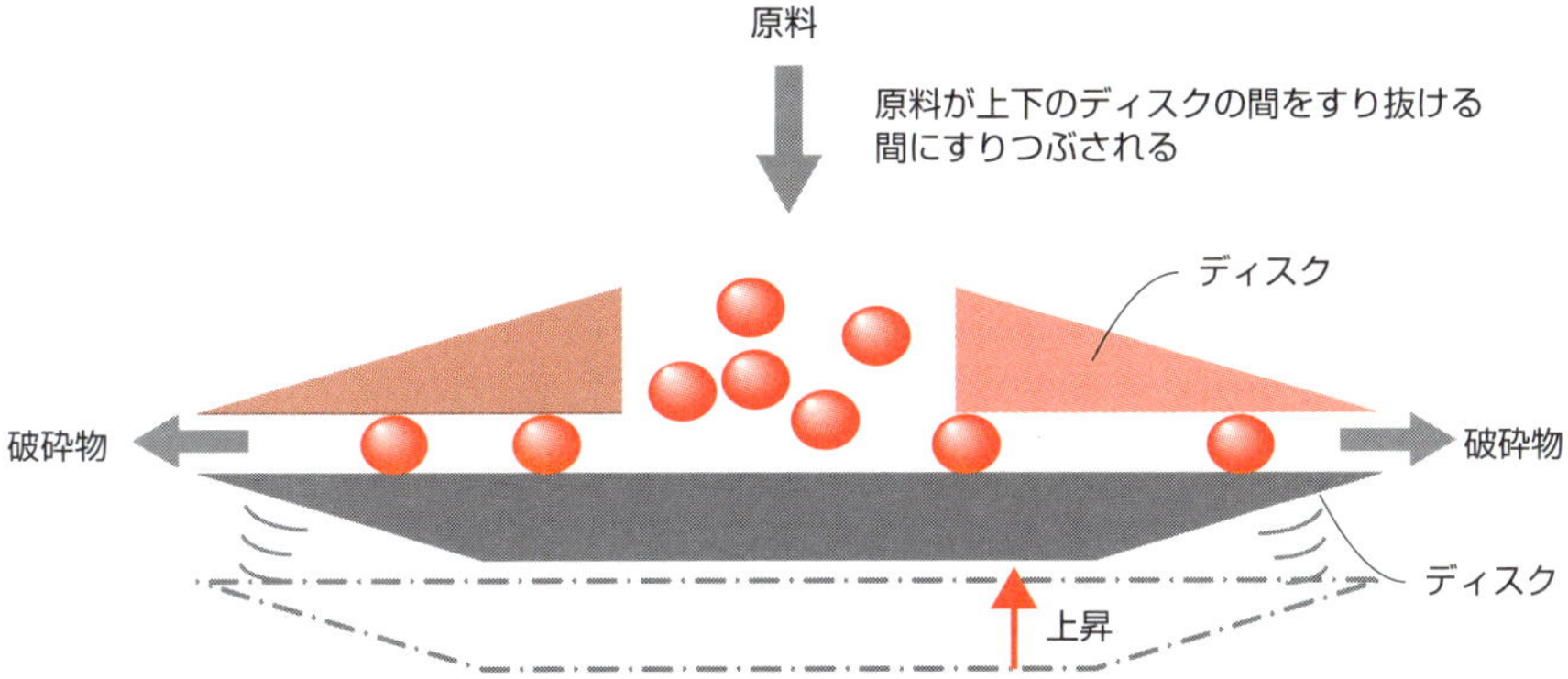

スーパーマスコロイダーの外観

出所：増幸産業

用語解説

グラインダー：砥石の回転運動により、加工物表面の研削および切断を行う機械。グラインダーの一種である石臼は、上臼と下臼の擦り合わさる面の隙間と臼の表面の凹凸により、加工物を破砕する

HACCP（ハサップ）：食品製造工程の各段階で発生する恐れのある危害を分析し、安全な製品を得るための重要管理点を定め、連続的に監視することで製品の安全を確保する衛生管理の手法。Hazard Analysis and Critical Control Point の略

13 2軸エクストルーダによる解繊

押出成形の技術を使って解きほぐす

　エクストルーダは、ダイスと呼ばれる金型から原料を圧縮して押し出すことで、必要な形状の断面を形成する機械で、押出成形機とも呼ばれます。英語のExtrudeは日本語で押出成形するという意味です。

　さまざまな形式のエクストルーダがありますが、2軸スクリュー方式のエクストルーダは、粉砕、混合、混練、押出、搬送、成形のほかヒーターやクーラーを取り付けることで加熱・加圧による殺菌や冷却ができる装置です。デンプンのアルファ化（糊化）処理や造粒化、生地の混練・成形などの食品産業分野のほか、ペットフードや養殖用飼料の成形加工（ペレット化）などに使われています。

　2軸エクストルーダを使ってセルロース繊維を解繊し、ナノセルロースを作る方法について詳しく説明します。

　2軸エクストルーダは通常、送り込み部、圧縮部、膨張部に分けられます。固形分が40%、水が60%から成る原料を投入し、送り込んでいきます。装置の中を進むにつれてスクリューピッチが変化することにより、原料に圧縮応力とせん断応力がかかり、原料が解繊されていきます。

　また摩擦と圧縮により、原料の温度はおよそ120℃まで上昇します。圧縮部でさらに応力がかかり、解繊された後に膨張部で圧力を一気に開放して爆砕を起こすことにより、最後に原料を内部から破砕します。

　このような2軸スクリュー方式のエクストルーダを使うことで、原料チップから径が20㎛以下のセルロース繊維にまで、一気に解繊することができます。ただし、ナノサイズにまで解繊するためには、ピッチの形状を変えた別の2軸エクストルーダを用いて複数回処理するか、別の装置を用いて処理する必要があります。

要点BOX
- ●スクリューピッチを変え、原料に圧縮応力とせん断応力をかけることで物理的に解繊
- ●解繊時の原料温度は120℃

圧縮応力とせん断応力

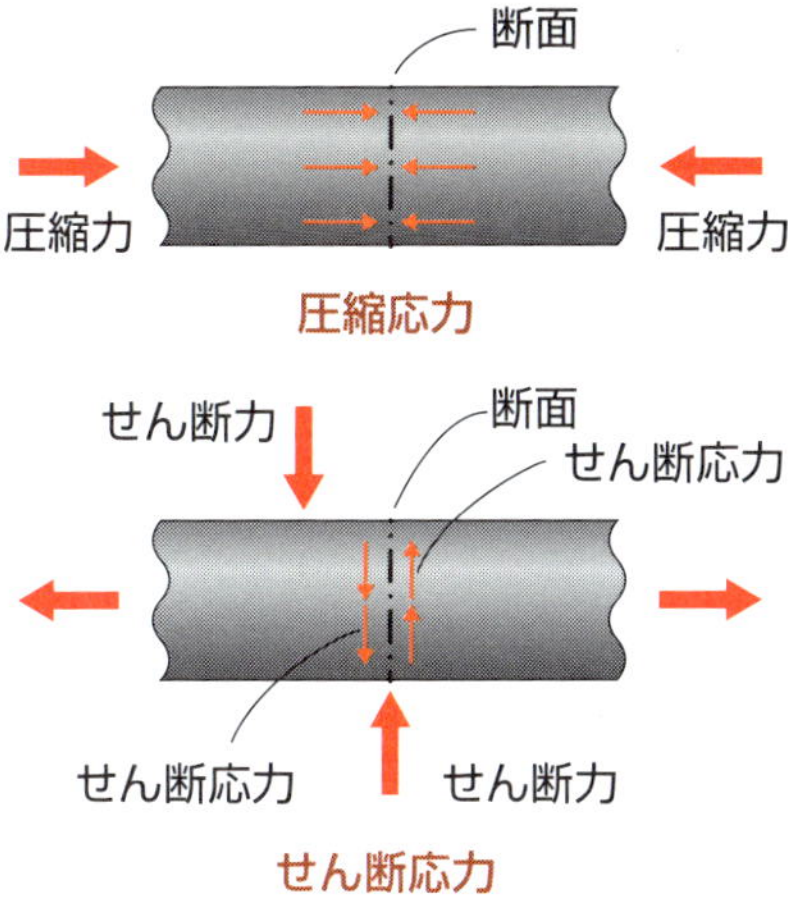

2軸エクストルーダによる破砕の原理

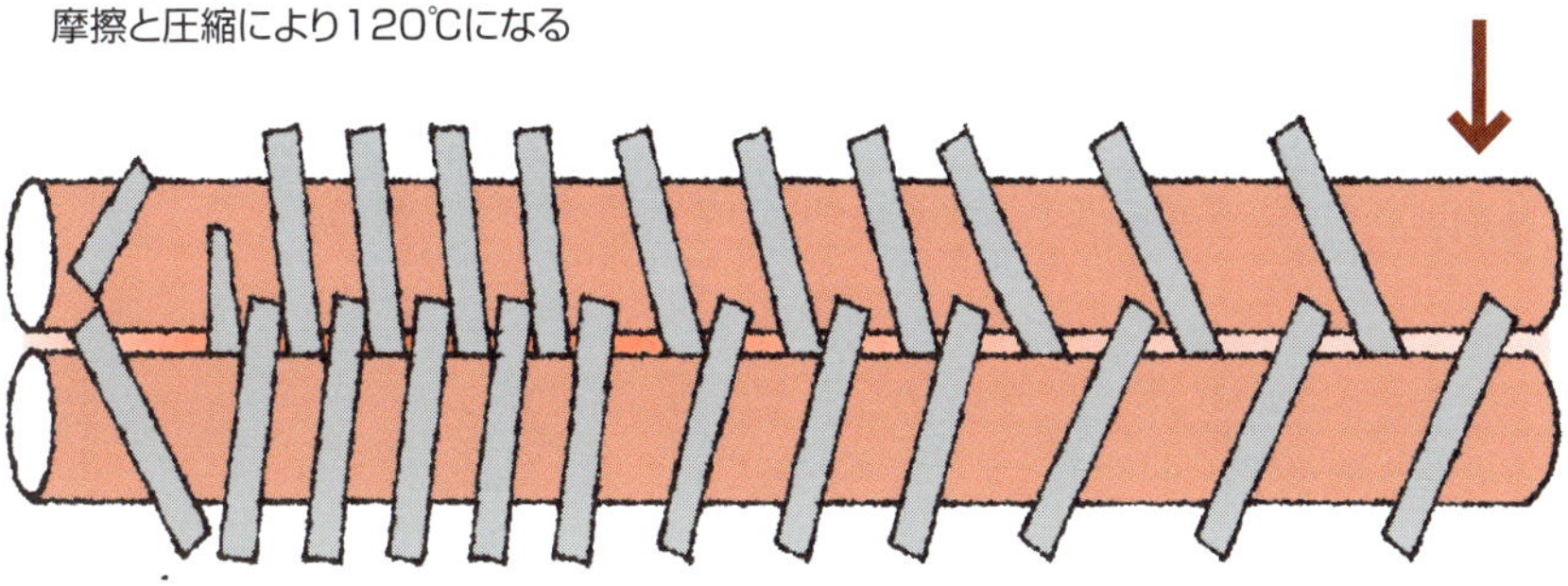
スクリューピッチの変化により
圧縮、揉みほぐしを行う
原料
（水分60%程度）

用語解説

圧縮応力：物体を外部から圧縮したときに、物体の内部で釣り合いを保つために生じる力
せん断応力：物体をはさみで切るような作用を与えたとき、その断面に生じる一対の反対向きの力のこと。せん断力のために物体の内部に生じる力をせん断応力と言う

14 ウォータージェット法による解繊

繊維を解きほぐす3つの力

ウォータージェット法（ＷＪ法）による解繊は、最大２４５ＭＰａに加圧したセルロース水懸濁液を、直径０・１〜１・０㎜のノズルから噴射し、流路内で噴流同士を衝突させることにより、セルロース繊維を解繊する製造システムの総称です。

その特徴としては、原料と水以外に薬品類を使用しない、コンタミレス、連続処理が可能、高濃度・長繊維のセルロースでも処理できる、噴射圧力・衝突回数・流路形状などを変えることでセルロースナノファイバー（ＣＮＦ）の物性を制御できる、などが挙げられます。

ＷＪ法による解繊には、水懸濁液がノズルから高速で噴射される際のせん断力、繊維同士が高速で衝突することによる衝突力、キャビテーション気泡の破裂による衝撃力の３つが作用しています。

セルロース繊維の化学結合にはβ－１，４結合と分子内水素結合がありますが、ＷＪ法による解繊では水素結合だけを選択的に切断できるため、セルロース繊維の結晶構造を損なわずに、ナノファイバー化が可能です。また、用途に応じて長さの異なるＣＮＦの製造にも対応します。

ＣＮＦは、繊維長の違いによって補強性や保水性、乳化性、分散性、透明性などの特性が異なります。例えば、繊維長が長いほど引張強さや粘度の値は大きくなり、繊維長が短いほど保水性が上昇することが実験的に確かめられています。

スギノマシンは、ＷＪ法のベースとなる対向衝突タイプの湿式微細化装置を２００２年から販売しています。これらは、各種工業材料の微細化ニーズに対応すべく開発したものです。さらに同装置を利用し、世界に先駆けてセルロース、キチン、キトサンなどの各種バイオマスナノファイバーを２０１１年から製造・販売しています。

要点BOX
- 水圧によるせん断・衝突などでセルロース繊維の水素結合だけを切断して物理的に解繊
- 水以外の薬品類を使用しない

ウォータージェット法の原理

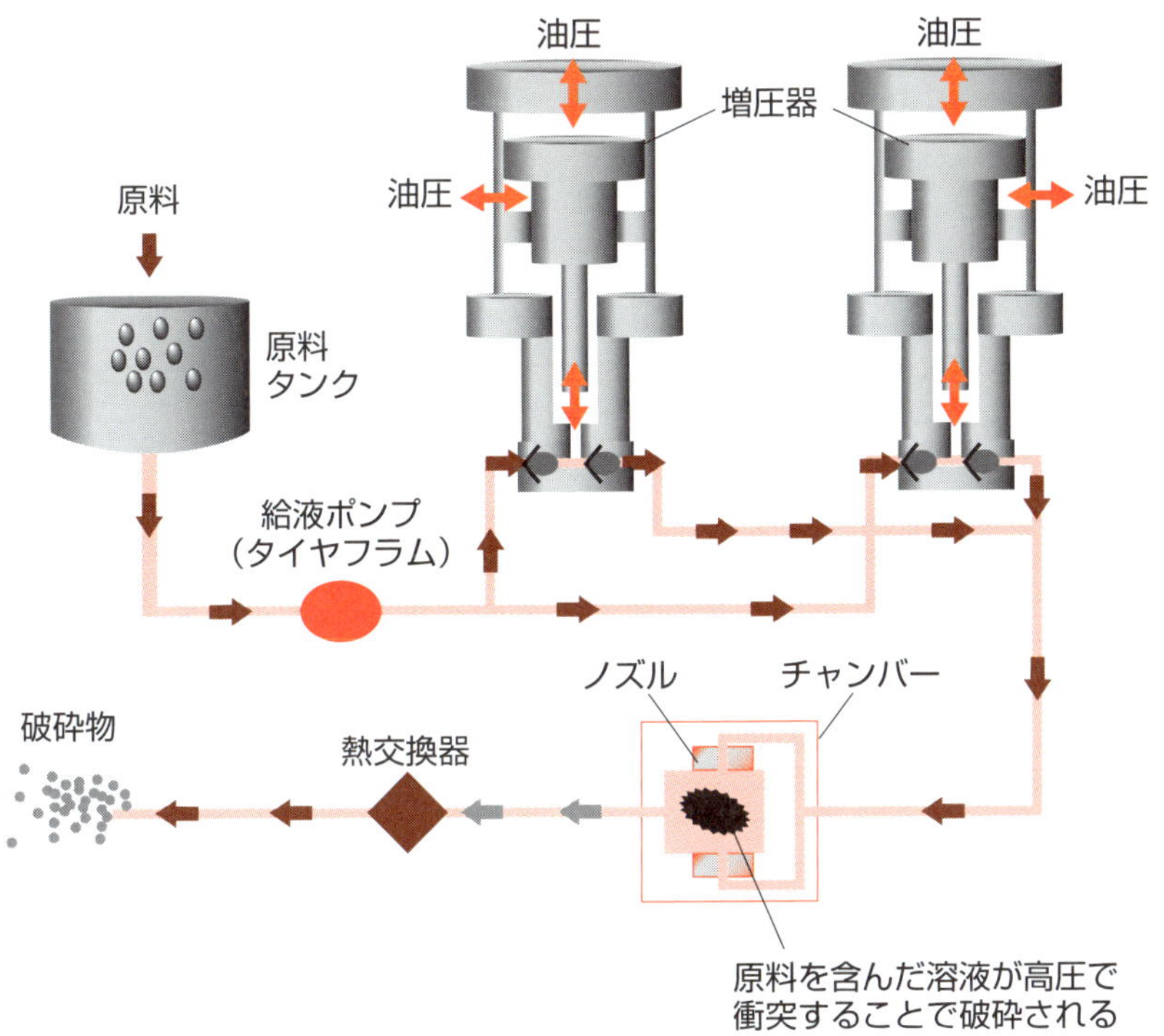

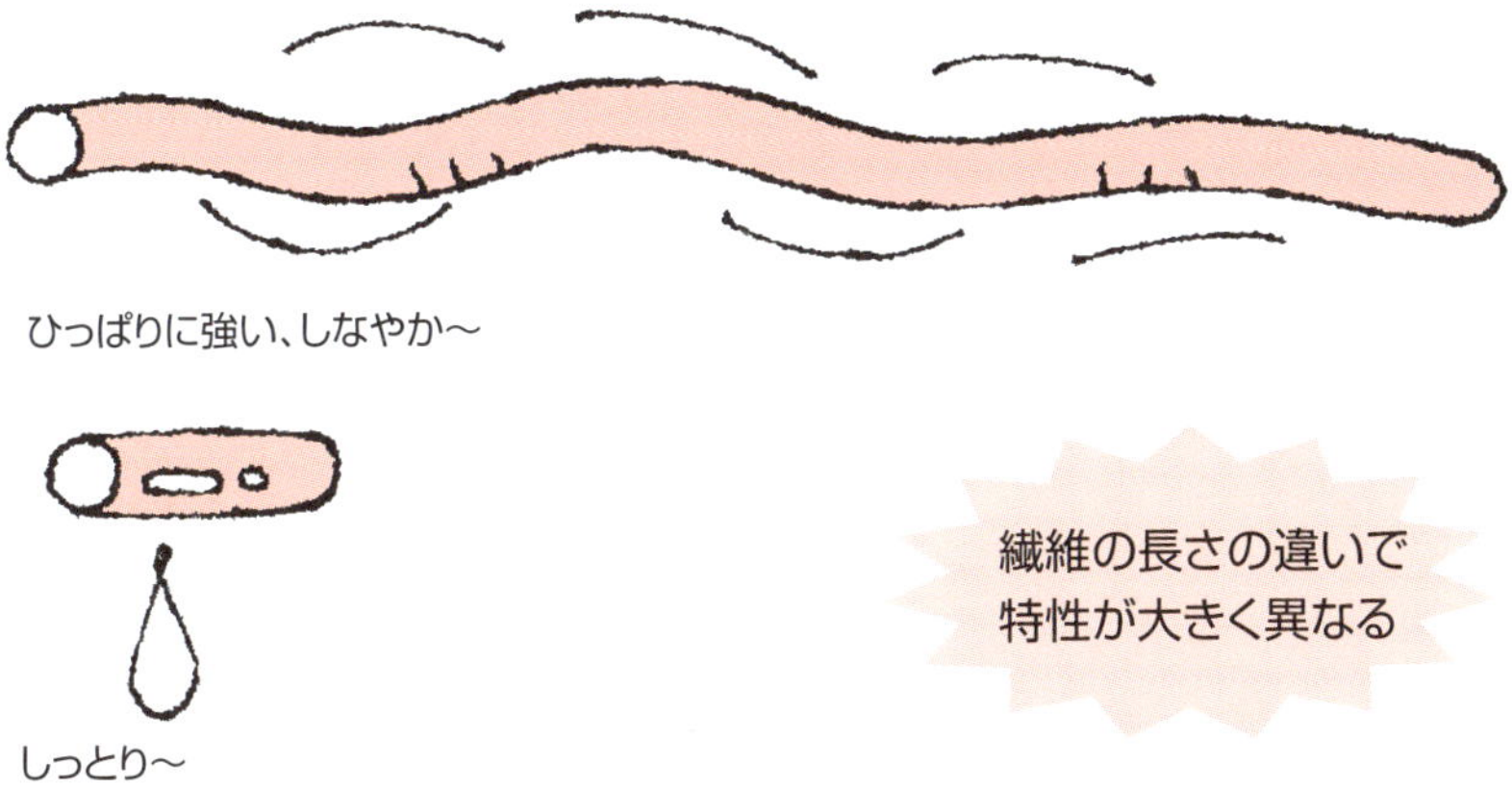

用語解説

キャビテーション：液体の流れの中で、圧力差により短時間に泡の発生と消滅が起きる現象。泡ができると周囲の液体が泡の中心に向かって移動し、泡が消滅する瞬間に中心で衝突して圧力波が発生する

15 水中カウンターコリジョン法

水分子クラスターを繊維に衝突させる

水中カウンターコリジョン法（Aqueous Counter Collision：ACC法、水中対抗衝突法）は、加圧したセルロース水懸濁液を相対する2つのノズルから一点に向けて高速でジェット噴射させ、衝突させることで解繊する方法です。原料と水以外は使用しません。このときの噴射圧力は通常200MPaですが、噴射圧力や衝突回数を制御することで、分子間相互作用の選択的な開裂や開裂の程度を変えることができます。

ところで、天然セルロースは植物由来であるか、微生物・動物由来であるかを問わず、生合成の際にグルカン分子同士が水素結合で連結した疎水面を有するグルカンシートが形成されます。その分子シートが、ファンデルワールス力で積み重なってナノファイバーを形成し、さらにマイクロファイバー、細胞壁へと極めて整然とした立体構造が形作られていくのです。

水中カウンターコリジョン法では、水分子のクラスターがセルロース繊維に衝突することで解繊が行われます。このときの運動エネルギーは、噴射圧力が200MPaのとき、1モル当たり134kJと計算されます。これは、ファンデルワールス力による結合は開裂させることができますが、グルカンシート中の水素結合を開裂させるエネルギー量には足りません。したがって、この条件でセルロース繊維を解繊すると、ファンデルワールス力による結合部分のみが開裂し、グルカンシートの疎水性部位が露出した、疎水性のセルロースナノファイバーを作ることができるのです。

また水中カウンターコリジョン法はセルロース以外にも、キチン、コラーゲン、カーボンナノチューブ、フラーレンなどさまざまな材料のナノ微細化に用いることができます。

要点BOX
- ●水圧によるせん断・衝突などでセルロース繊維を物理的に解繊
- ●さまざまな材料のナノ微細化に適用できる

ACC法の装置概略

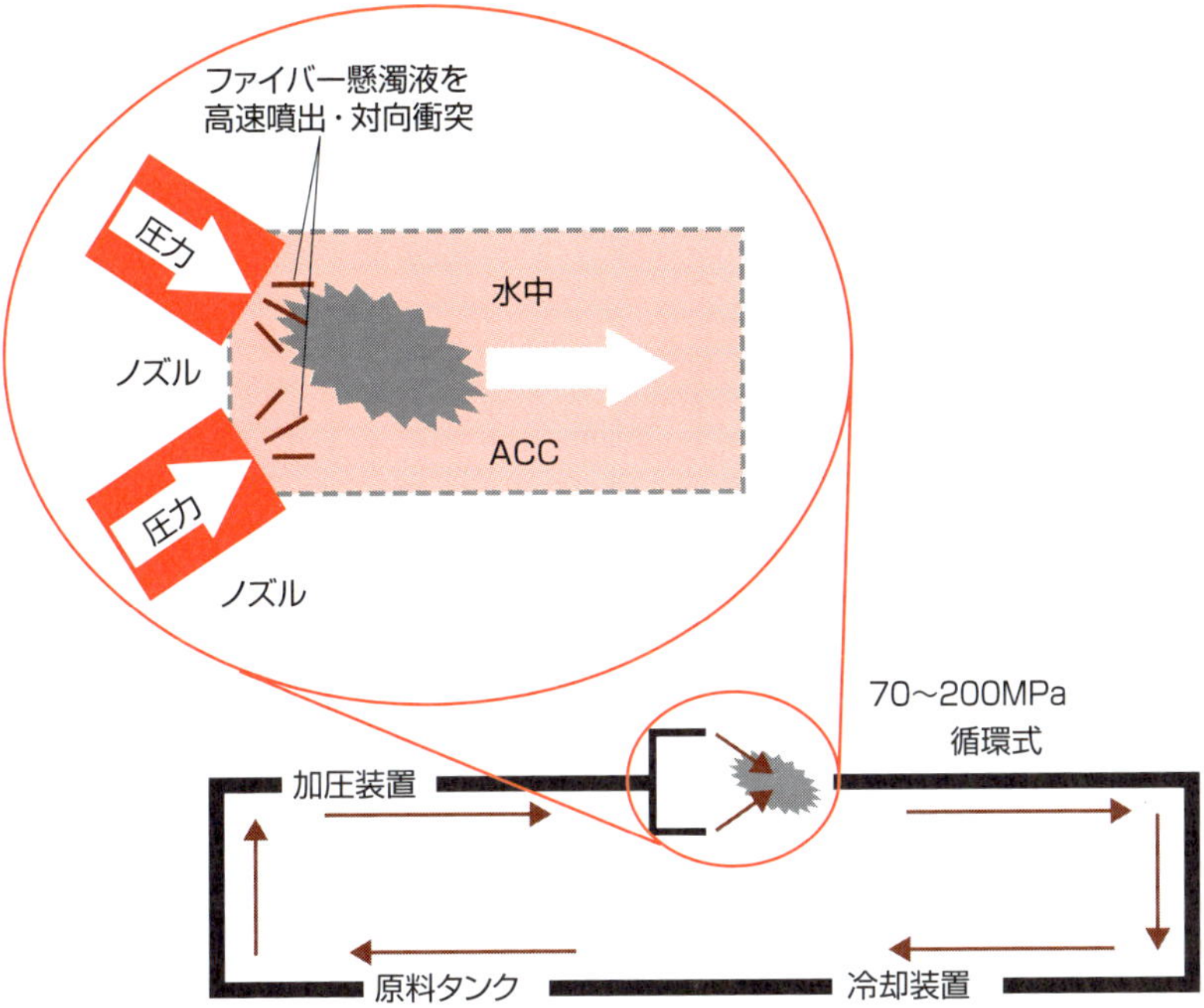

疎水性表面の露出

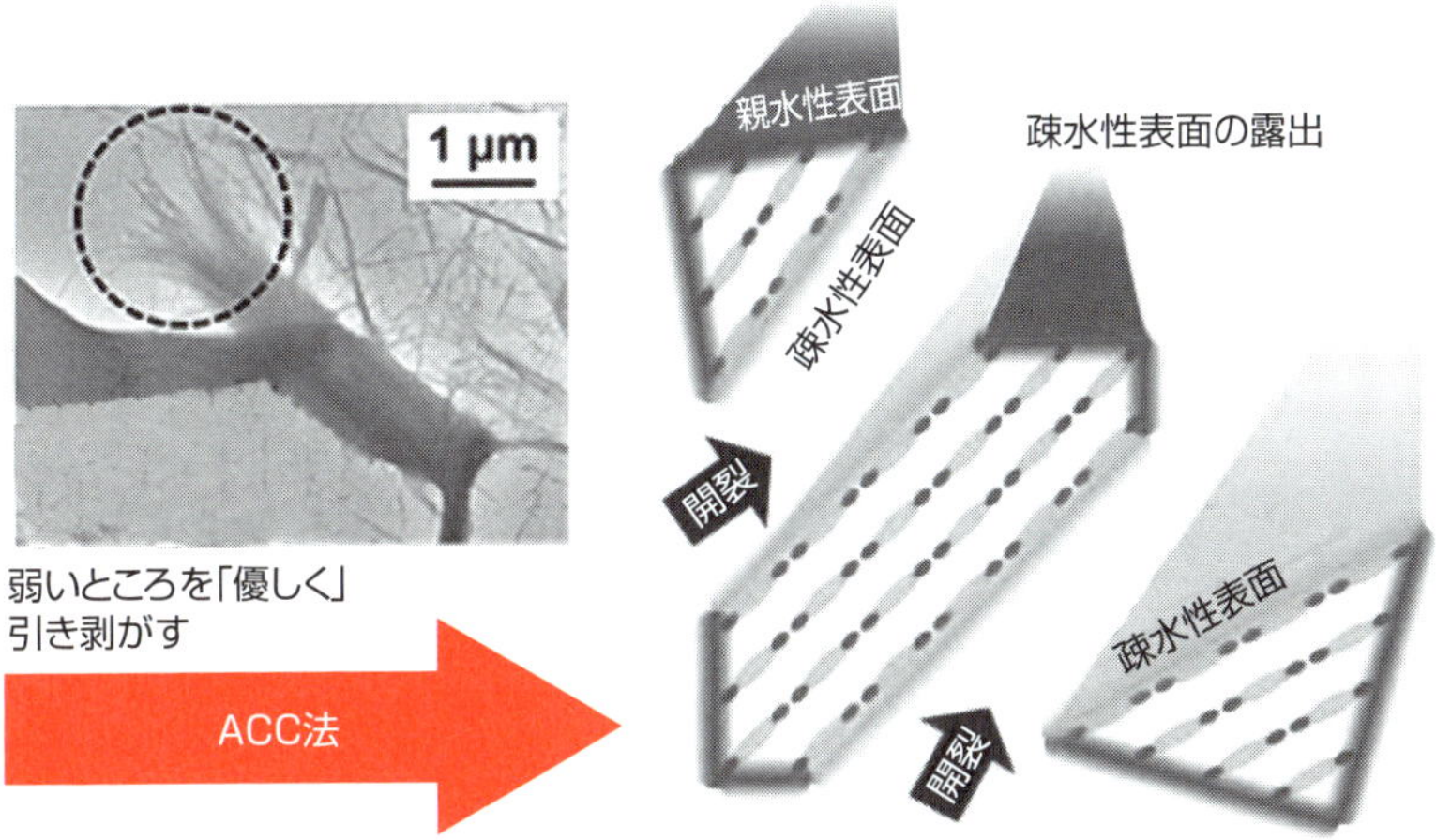

16 ビーズミル、ボールミルによる解繊

粉砕に使われるエネルギーは遠心力から生まれる

ビーズミルとボールミルは、セラミック、アルミナ、ジルコニアなど硬質の球体を入れた容器に原料を入れ、容器を回転させることにより、原料と球体が衝突することで原料を粉砕する装置です。球体のサイズが小さいものをビーズミル、大きいものをボールミルと呼んでいます。

ナノセルロースを製造する際は、木粉やパルプに水を加えて、容器に入れて長時間かけて粉砕します。容器内では原料と球体、原料と容器が衝突することで、原料に対して圧縮力、衝撃力、せん断応力、摩擦力、ずり応力などさまざまな力が働きます。こうしてセルロース繊維が解繊され、ナノ化されています。

原料に圧縮力あるいは衝撃力が働く場合は、原料がバラバラにつぶれる体積粉砕が、せん断応力や摩擦力、ずり応力が作用する場合は、原料の表面からつぶれる表面粉砕が起こります。

ビーズミル、ボールミルとも、粉砕に使われるエネルギーは撹拌機構によって生まれる遠心力が元になっています。

ビーズやボールが持つエネルギーは重力加速度で表されます。ボールミルでは1G程度ですが、大型のビーズミルでは40～200G、小型のビーズミルでは100～500Gとなり、小型のビーズミルは非常に強いエネルギーを持っています。ビーズミルの方が、球体の充填率がボールミルよりも高いため、ビーズミルの方が短時間にナノセルロースを製造することができます。

ただ、ビーズミル、ボールミルを使ってナノセルロースを製造するためには、大きなエネルギー量が必要です。研究用に少量のナノセルロースをさまざまな原料から条件を変えて製造する目的には適していますが、同じ品質のものを大量生産する目的には向いているとは言えません。

要点BOX

- ●原料と硬質のボールを衝突させることでセルロース繊維を物理的に解繊
- ●大量生産は苦手

ビーズミルの原理

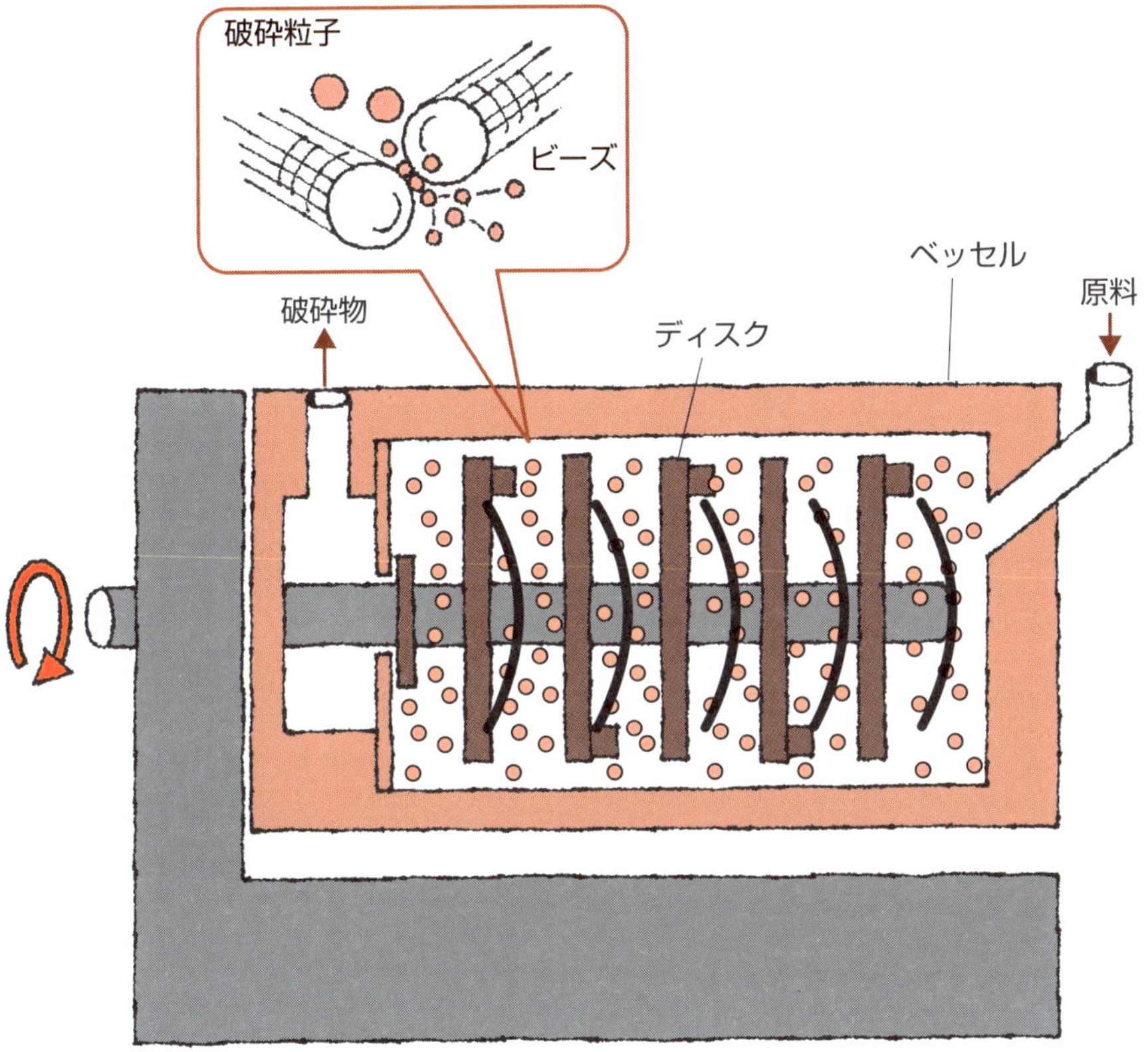

ベッセル内で原料、ビーズ、ディスクが衝突することで破砕される

体積粉砕と表面粉砕

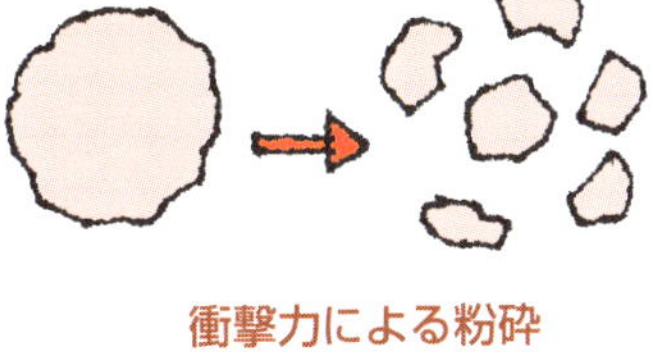

衝撃力による粉砕
ほぼ同じ大きさにバラバラになる（体積粉砕）

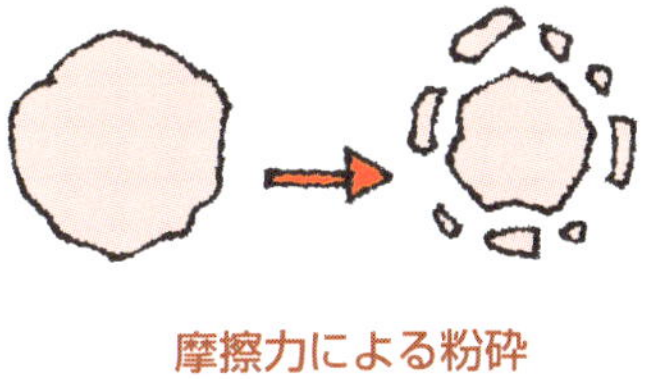

摩擦力による粉砕
表面が少しずつ削り取られることで粉砕される（表面粉砕）

17 マイクロフルイダイザーによる解繊

食品や医薬品製造で実績のある装置を利用

高圧ホモジナイザーの一種であるマイクロフルイダイザーは、原料に200MPa以上の圧力をかけて、主にせん断力で破砕します。微生物や植物細胞の破砕、化学物質の乳化、エマルジョン化に用いられ、食品や医薬品の製造などの分野で広く使われています。

マイクロフルイダイザーを使って、セルロースナノファイバー（CNF）を製造する方法について説明します。

まず、原料のセルロース繊維を水に懸濁させ、ポンプで276MPaに加圧した後、インタラクションチャンバーに送ります。チャンバーの内部には細い流路が多数あり、原料がここを通過する際、短時間に高いせん断力を受けることでセルロースの繊維が解繊されます。そして、熱交換器を経て大気圧の出口に導かれ、処理物が回収されます。

解繊はインタラクションチャンバー内で作用するせん断力によりますが、ほかにも、大気解放される際の衝撃力やキャビテーション力が解繊に関係すると言われています。

マイクロフルイダイザーには作動圧力を一定に保つことができ、連続処理ができるという特徴があります。そのため、マイクロフルイダイザーで解繊したCNFは、他の方法で製造したCNFに比べてサイズのバラツキが少なく、また、処理条件や処理回数を調節することで、任意のサイズのCNFを得ることができるとのことです。

物理的な解繊また装置のスケールアップを行っても、処理条件を同じにすれば同じ性状の生成物が得られるため、製造条件の検討が比較的容易に行えます。

同装置を使い、径が20〜100ナノメートル、長さ数十μmのCNFが製造できたとの報告もなされています。

要点BOX

- 原料に主としてせん断力を作用させ、物理的に解繊する
- 生成物の性状を均一にできる

マイクロフルイダイザー概略図

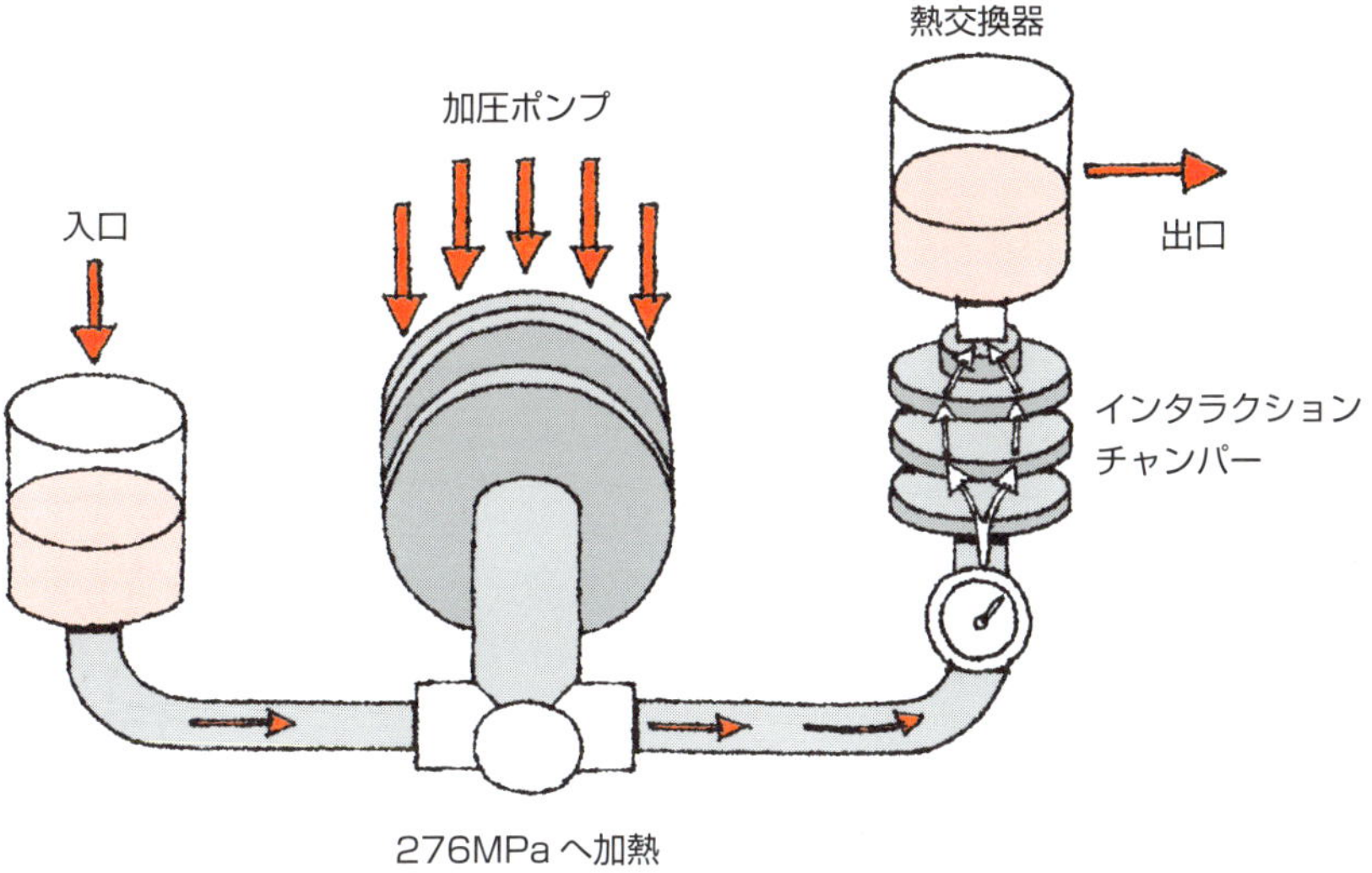

インタラクションチャンバーの模式図

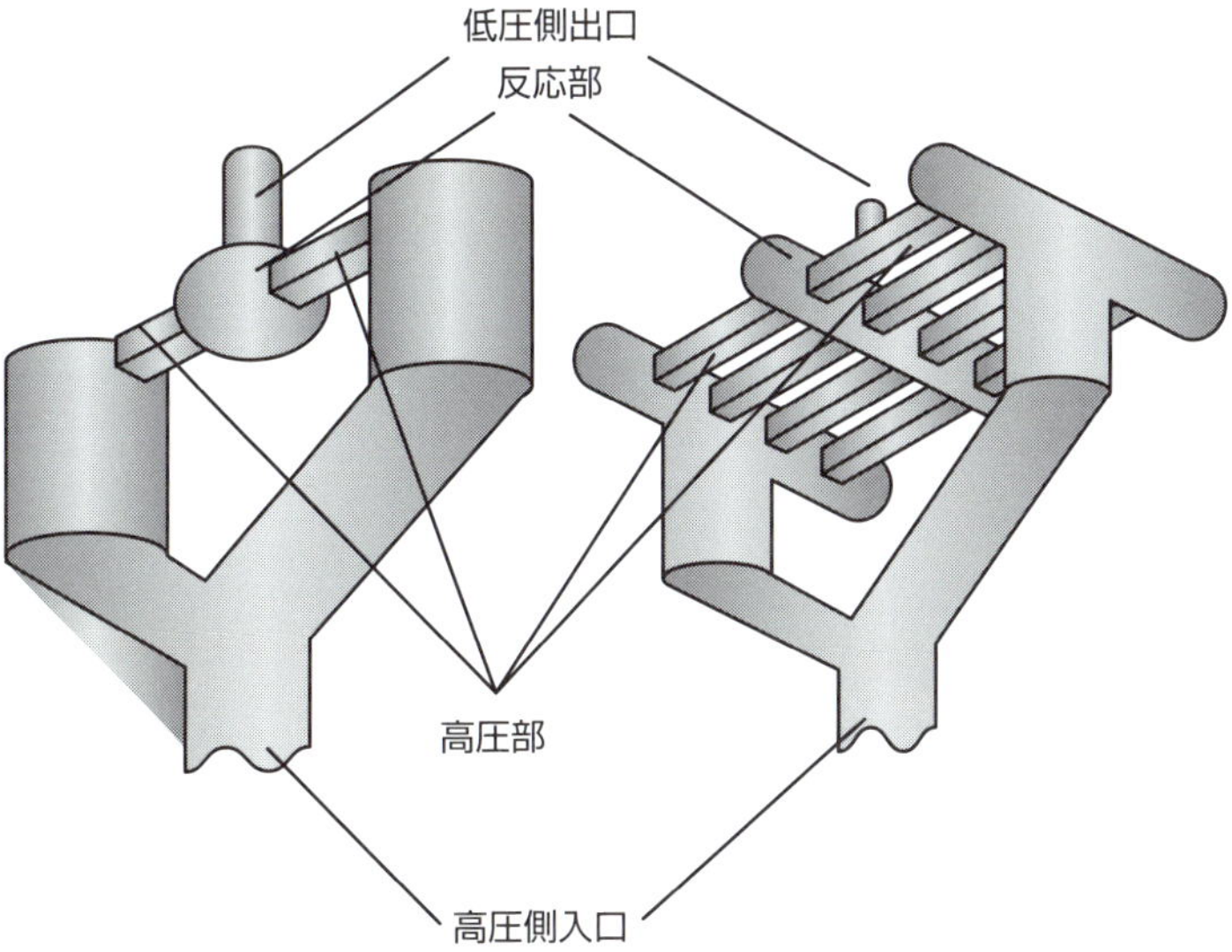

用語解説

せん断力：物体をはさみで切るような作用を与えたとき、その断面に生じる一対の反対向きの力のこと
エマルジョン：通常、水と油は混ざらないが、水の中に超微細な油滴ができて均一になった状態、あるいは油の中に超微細な水滴ができて均一になった状態をエマルジョンと言う

18 変性処理と樹脂との溶融混練

ナノセルロースと樹脂はそのままでは混ざらない

軽量で高強度という特性を持つナノセルロースを樹脂に添加することで、高強度複合材料を作る試みが各所で始まっています。ただし、これには課題が2つあります。1つは、ナノセルロースが親水性であるため、疎水性の樹脂と均一に混合することが難しい点です。

例えばセルロースナノファイバー（CNF）と疎水性の樹脂をそのまま溶融混練すると、CNF同士の相互作用によって樹脂中で凝集してしまい、期待される補強効果が得られません。そこで、親水性のCNFが疎水性の樹脂中でも均一に分散することを目的に、相溶化剤という薬剤を添加する場合があります。

そして2つ目は、CNFの脱水に要するコストです。通常、CNFは固形分濃度数%程度まで希釈したパルプの水分散液にせん断力や圧力をかけることで、セルロース繊維を解繊して作りますが、樹脂に配合するためには、パルプの希釈に用いた大量の水を除去する必要があるのです。

これを解決する方法として、パルプ表面をあらかじめ変性剤で疎水化処理しておき、この変性パルプを樹脂と溶融混練する方法が開発されました。すなわち、溶融混練時のせん断力によってパルプを解繊するのと同時に、樹脂と溶融混練するというものです。

この方法を使うことで、いったんCNFを製造した後に混練する場合と比較して、工程が少なくて済み、樹脂との複合体の製造コストを大幅に低減することが可能です。

星光PMCでは、この方法で製造した樹脂（ポリエチレンとポリプロピレンなど）複合体ペレットのサンプル出荷を始めています。また、この方法をさらに発展させたものが、次項で紹介する「京都プロセス」と呼ばれる方法です。

要点BOX
- ●パルプの表面を疎水化してから、樹脂と混ぜながら解繊
- ●CNFで補強した樹脂を安価に製造

従来法と新規開発法の比較

従来法

パルプに希釈水を加え濃度1%にしてから機械解繊し、水を除去したCNFを樹脂と混ぜていた

パルプ → ①水で希釈（濃度1%） → ②機械で解繊 → ③水分を除去 → CNF → ④樹脂と溶融混練 → CNF/樹脂複合材料（CNF分散性悪）

新規開発法

水による希釈、水の除去が不要になるだけでなく、機械解繊と溶融混練を一度に行う

パルプ → ①変性処理 → 変性パルプ → ②樹脂と溶融混練 このときパルプが解繊され、CNFとなる → 変性CNF/樹脂複合材料（CNF分散性良）

顕微鏡写真

X線CT画像の比較（白い部分がCNF凝集物）

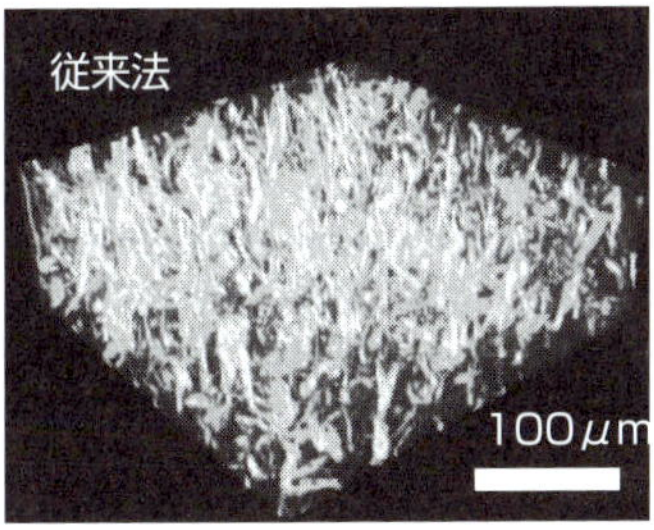

従来法で得られるCNF／樹脂複合材料

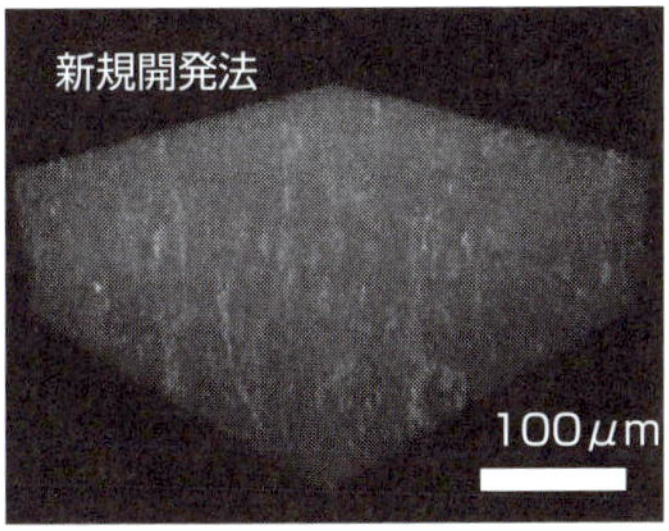

新規開発法で得られる変性CNF／樹脂複合材料

新規開発法における変性パルプのSEM観察画像

変性パルプ

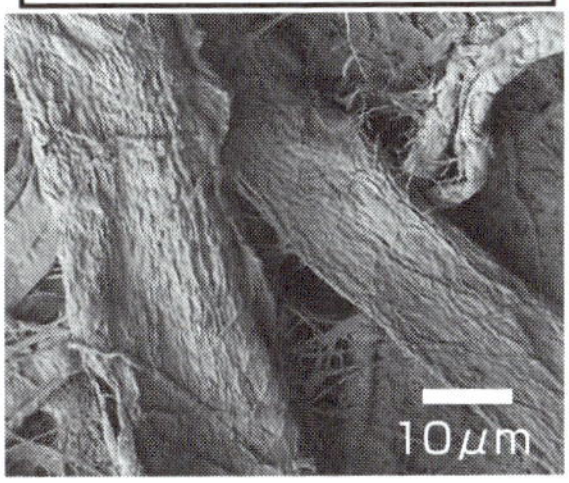

樹脂と溶融混練 ⇒

変性CNF／樹脂複合材料中の繊維のSEM観察画像

複合材料中の繊維

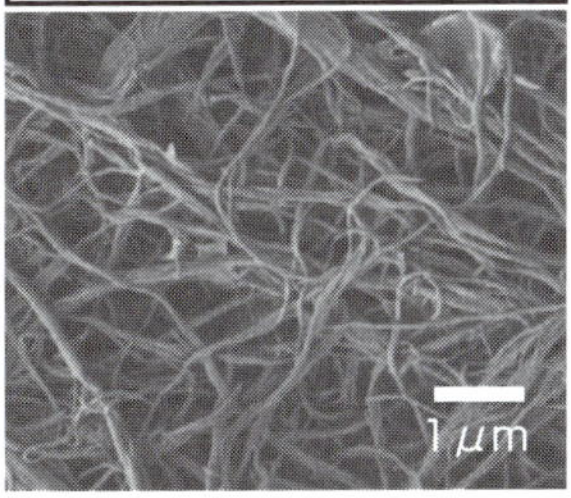

出所：京都大学・矢野教授

用語解説

相溶化剤：2種類の高分子材料を混ぜたとき、高分子同士が相分離を起こして均一に混ざらないことがある。2種類の高分子の共重合体を形成し、均一に分散した状態を作るための薬剤を相溶化剤と言う

19 ナノ化と樹脂との混合を同時に行う「京都プロセス」

コスト面で優位に立つ

変性リグノセルロースナノファイバー・樹脂複合材料の一貫製造プロセスは、京都大学生存圏研究所の矢野浩之教授のグループが開発したもので、「京都プロセス」と呼ばれています。

セルロースナノファイバー（CNF）と樹脂の複合体を作るためには、親水性のCNFを疎水性の樹脂の中に均一に混ぜる必要があります。

植物の成分の1つであるリグニンはフェノール化合物で、疎水性です。セルロースナノファイバーの表面にリグニンが残ったリグノCNFは、樹脂と混合した際に、CNFと比べて均一分散しやすい性質を持っています。

京都プロセスでは、原料となる木材チップからリグニンやヘミセルロースの一部を選択的に分離し、表面にリグニンを残したリグノパルプをまず作ります。そしてリファイナーで予備解繊した後、シート化して化学変性処理を行います。それを粉砕して2軸押出機で解繊しながら樹脂と混合することで、リグノCNFと熱可塑性樹脂のマスターバッチを製造します。マスターバッチはペレット化できるため、これを用いて射出成形によりさまざまな形状の部材に仕立てるわけです。

例えばナイロン6とリグノCNFとの複合樹脂は、ガラス繊維強化材料より軽く、高い強度特性が得られることがわかっています。しかも、このナノ材料はガラス繊維強化材料や炭素繊維強化材料と異なり、砕いた後に成形し直しても強度がほとんど低下しないことから、リサイクル利用に適した材料と言えます。

京都プロセスのもう1つの特徴は、複合材料の低価格化です。京都プロセスは、ナノ化と樹脂との混合を同時に行うことで工程数を減らしており、コストの面からも優位性のあるプロセスと言われています。

要点BOX

- リグノセルロースナノファイバーの疎水性に着目した
- CNFで補強した樹脂を安価に製造

京都プロセスの概略図

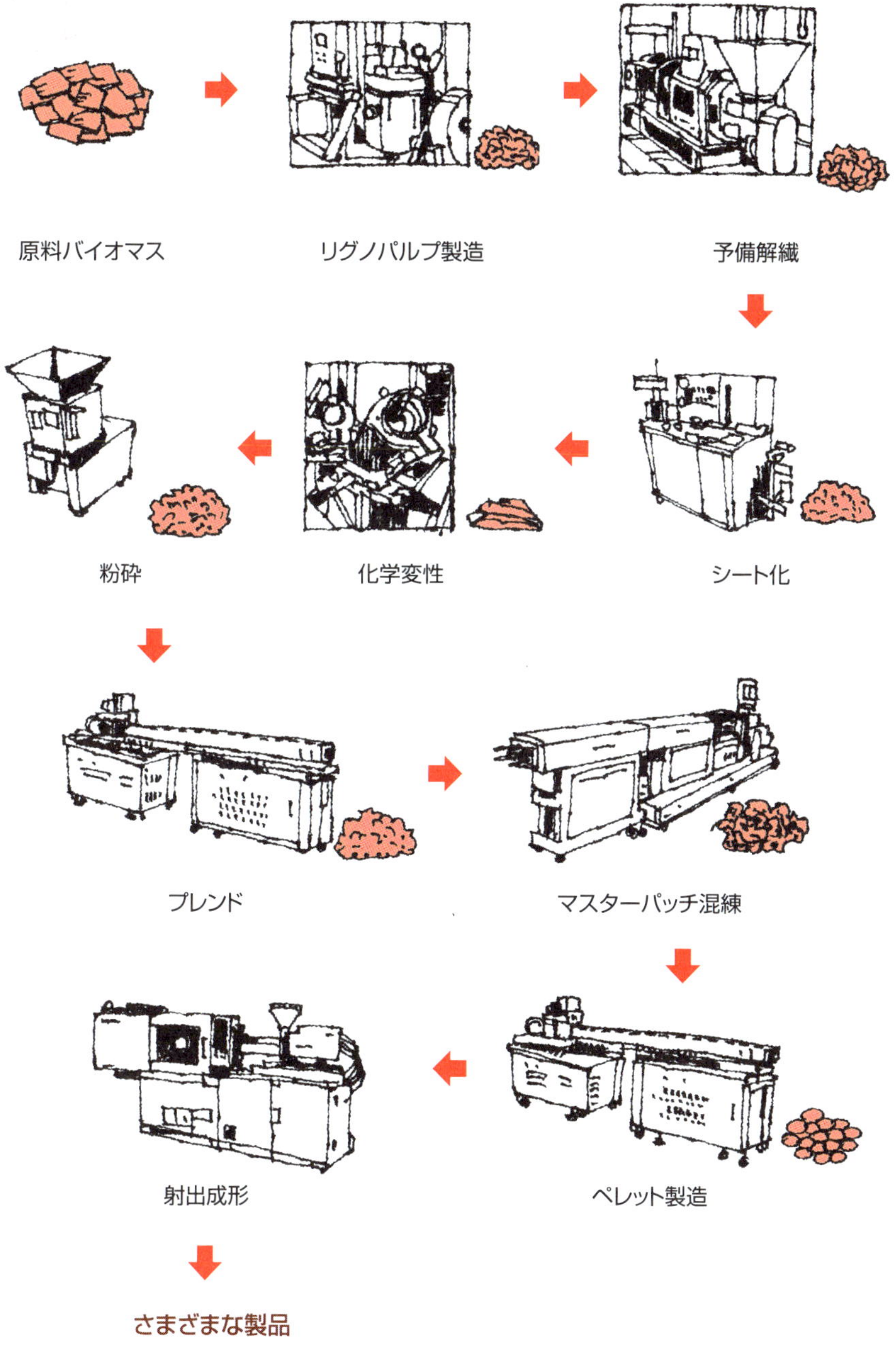
原料バイオマス
リグノパルプ製造
予備解繊
シート化
化学変性
粉砕
ブレンド
マスターバッチ混練
ペレット製造
射出成形
さまざまな製品

20 酵素による前処理

解繊しやすくするとともに製品の純度を高める

木材パルプからセルロースナノファイバー（ＣＮＦ）を製造するときに、パルプの種類によってはセルロース以外の成分が含まれていることがあります。一例として、針葉樹の一種であるトウヒの漂白クラフトパルプにはヘミセルロースが19％、リグニンが３％含まれています。

機械的な方法による解繊でＣＮＦを製造した場合、化学組成は原料と同じになるため、製造したＣＮＦにこれらの成分が残存することになります。すなわちヘミセルロース、リグニンとも、セルロース繊維と絡み合った状態で存在しています。そこで、キシラーゼという酵素でヘミセルロースを、ラッカーゼという酵素でリグニンを分解することにより、セルロース繊維の解繊を容易にします。これにより細く、均一にすると同時に、製品の純度を上げることが可能となります。

ところで強固なセルロース繊維を解繊し、ＣＮＦを得るためには、セルロースの分子鎖同士の水素結合を切断する必要があります。広葉樹のクラフトパルプから機械的な方法のみでゲル状のＣＮＦを製造するためには、乾燥重量1トン当たり12～70ＭＷｈのエネルギーが必要と言われています。

そこでセルロース繊維そのものを解繊しやすくするために、セルロースを分解する酵素であるセルラーゼが使われる場合があります。ただ完全に分解すると、ミクロフィブリルそのものが分解されてグルコースになるため、適当なところで分解反応を止めなければなりません。

また、セルラーゼは異なる作用をする酵素の混合物です。前処理で使う場合、セルロースの非晶領域のβ-1，4結合を特異的に切断するエンドグルカナーゼという酵素を使い、その後に機械的な方法で解繊すると、少ないエネルギーでＣＮＦを得ることができるのです。

要点BOX
- ●機械解繊の前処理として酵素を使用
- ●解繊に要するエネルギー量を減らす
- ●セルロース以外の物質を除去する

セルラーゼによる機械解繊の前処理

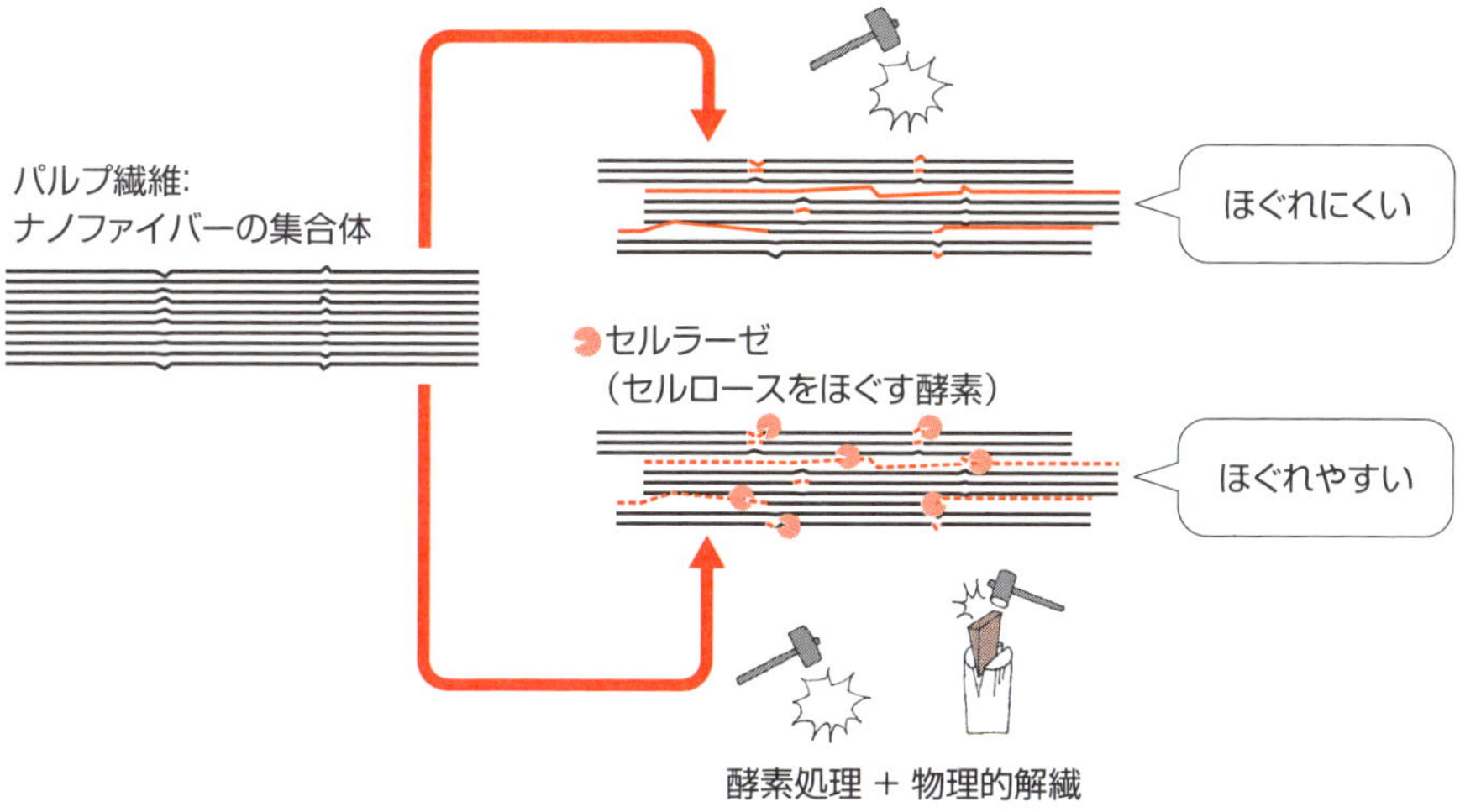

酵素による切断メカニズムの違い

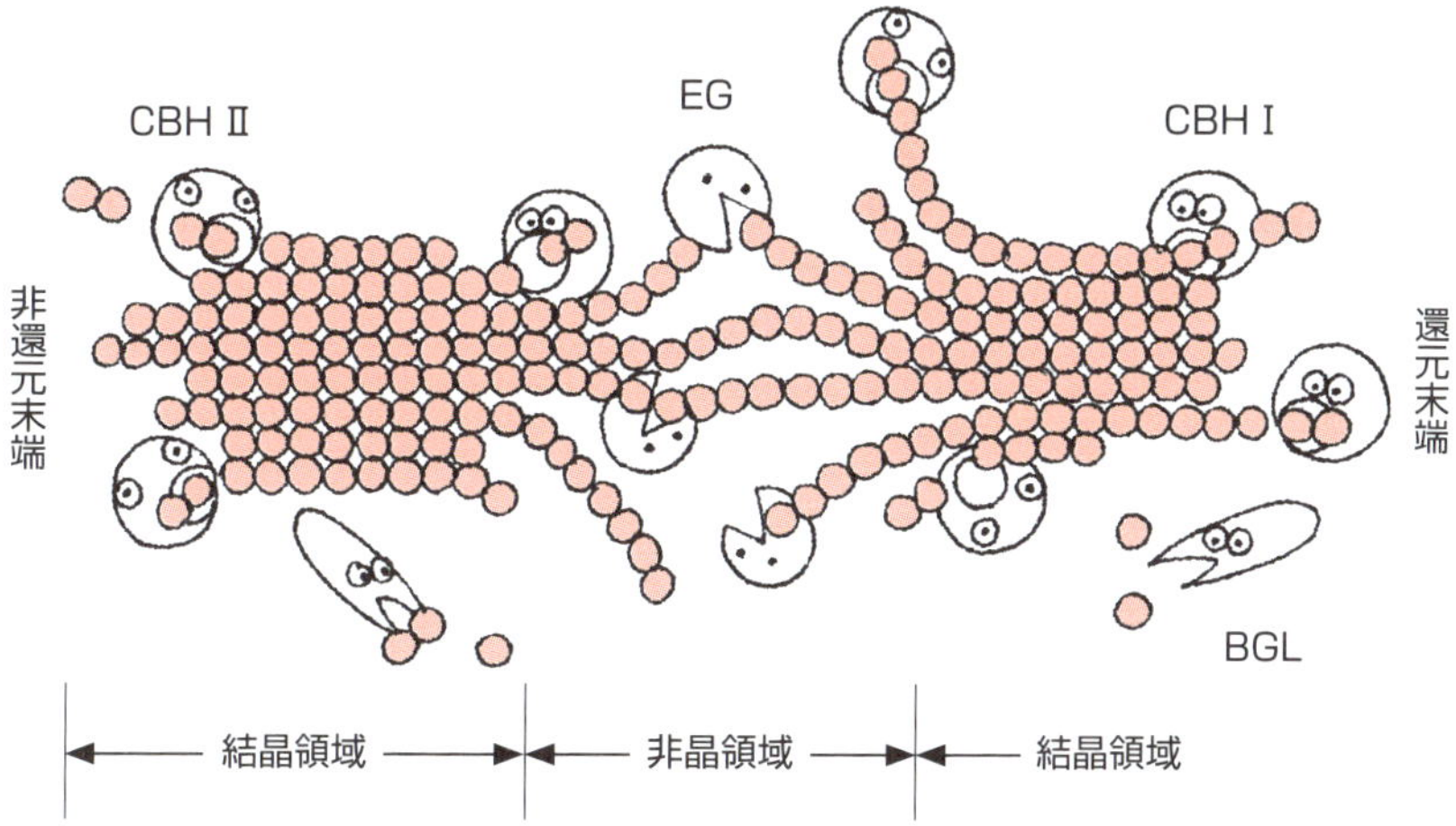

EG:エンドグルカナーゼ（非晶領域を分解）
CBH Ⅰ:セロビオハイドラーゼⅠ（還元末端から分解しセロビオースを作る）
CCBH Ⅱ:セロビオハイドラーゼⅡ（非還元末端から分解しセロビオースを作る）
BGL:β-グルコシダーゼ（セロビオースを分解）

21 酵素による後処理

さらに小さく、均質なものを目指して

機械解繊で得られたセルロースナノファイバー（ＣＮＦ）をさらに解繊して径を小さくする、あるいは酸による加水分解で得られたセルロースナノクリスタル（ＣＮＣ）のサイズを均一にする、バクテリアセルロースから径の小さいＣＮＦやＣＮＣを作るなどの目的で、後処理工程に酵素が使われる場合があります。この目的で使われる酵素も、前処理工程と同様にセルラーゼです。

ところで、セルラーゼはいろいろな作用を持つ酵素の混合物です。中でも、セルロース繊維の非晶領域のβ-1，4グリコシド結合を特異的に切断するエンドグルカナーゼが主に用いられます。

非晶領域はもともと切断されやすく、切断されたとしてもＣＮＦやＣＮＣの特性に大きな影響を与えません。例えば、硫酸よりも弱い酸を使ってセルロース繊維を加水分解し、続いてエンドグルカナーゼを用いて非晶領域を切断することで、均質で小さなサイズのＣＮＣが高い収率で得られます。

硫酸を使ってセルロース繊維を分解した場合、反応条件によっては結晶領域まで切断することがあります。またセルロースの表面の水酸基（-OH）がスルホン酸基（$-OSO_3H$）に置き換わるため、これを防ぎたい場合に塩酸を使ってセルロース繊維を分解し、さらにエンドグルカナーゼを使って非晶領域を分解してＣＮＣを作ることもできます。

酵素を後処理で使うことで、目的とするサイズのナノセルロースが容易に得られるというメリットはあります。その一方で一般的に酵素は価格が高いため、製造コストを押し上げる要因になります。また酵素は遠心分離や膜分離で除去し、再利用できますが、製品中に残る微量の酵素を完全に除去することは難しく、酵素の働きを止めるためには失活処理が必要です。さらに、失活した後も酵素の残渣（タンパク質）が製品に混入する可能性があります。

要点BOX
- ●機械解繊の後処理として酵素を使用
- ●製造コストを押し上げる要因となる
- ●失活処理が必要で、製品にも残留しやすい

後処理で酵素を使う理由

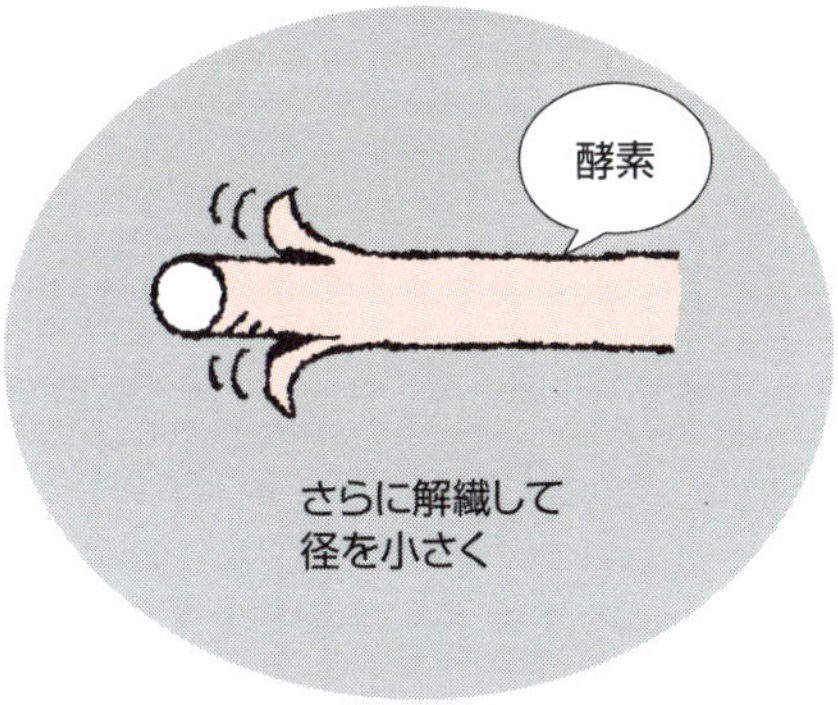
酵素
さらに解繊して
径を小さく

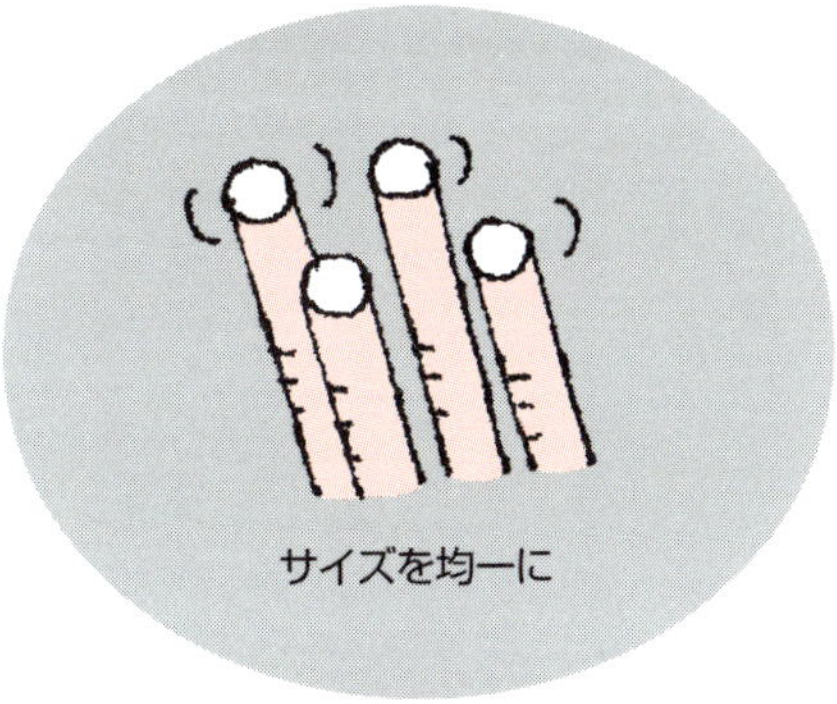
サイズを均一に

後処理に使うことも
あるのじゃ…

酵素処理の課題

お金がかかる

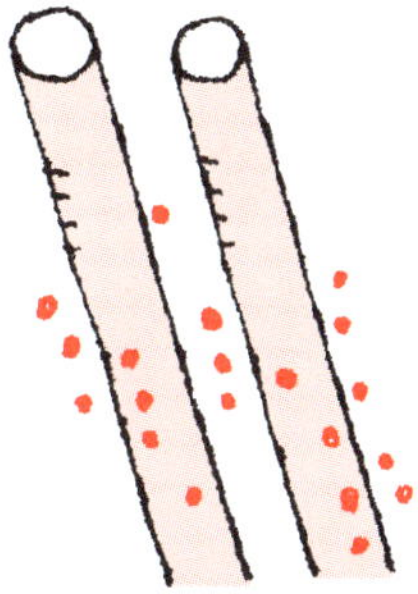

製品にタンパク質が
残留する可能性がある

22 鉱物を加えて機械的に解繊

強度を持たせて軽量化を狙う

ビーズミルによる解繊では、原料とビーズ、原料と容器が衝突することで、原料に対して圧縮力・衝撃力・せん断応力・摩擦力・ずり応力などさまざまな力が働きます。その結果、セルロース繊維が解繊され、ナノ化されます。

これと同様に、セルロース繊維に鉱物を加えて機械的に解繊すると、鉱物を加えない場合より少ないエネルギーで解繊ができます。このようにしてミクロフィブリル化、あるいはナノフィブリル化したセルロースファイバーが得られるのです。

このプロセスで用いられる鉱物には、炭酸カルシウム、カオリン、タルクなどがあります。これらはいずれも紙に白さを与えたり、透けにくくしたり、表面に平滑性や柔軟性を与えたりするための填料として用いられるものです。

したがって、このプロセスで作られる製品は、填料とセルロースナノファイバーの混合物と言ってよいかもしれません。次ページで紹介している「ファイバーリーンプロセス」はその1つです。

この製品を製造・販売している英国のFiberLean Technologies社は、炭化カルシウム、カオリンなどのメーカーであるImeris社（フランス）とOmya社（スイス）の合弁企業です。多種類の製品を供給していますが、製品中のセルロースは重量比で20～50%で、繊維の径は100ナノメートル、繊維長は100μmと言われています。

箱に用いられる紙は、複数の層を貼り合わせた構造をしていますが、中層の紙にこの製品を入れることで、箱全体に強度を持たせることができます。その結果、引張強さとエネルギー吸収力を改善することに期待が持たれています。また、外層にこの製品をコートすることで強度が向上するため、使用するパルプの量を少なくし、軽量化が実現すると言われています。

要点BOX
- セルロース繊維と鉱物を混ぜて解繊することで、解繊に要するエネルギー量を低減
- 製品はCNFと填料の混合物

ファイバーリーンプロセス

鉱物

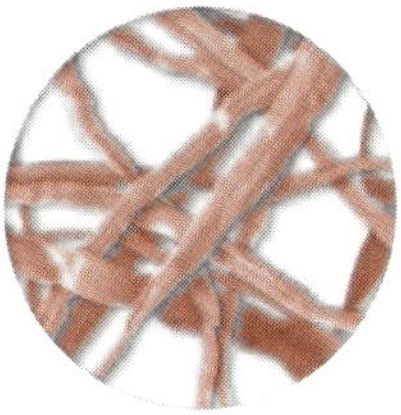

植物

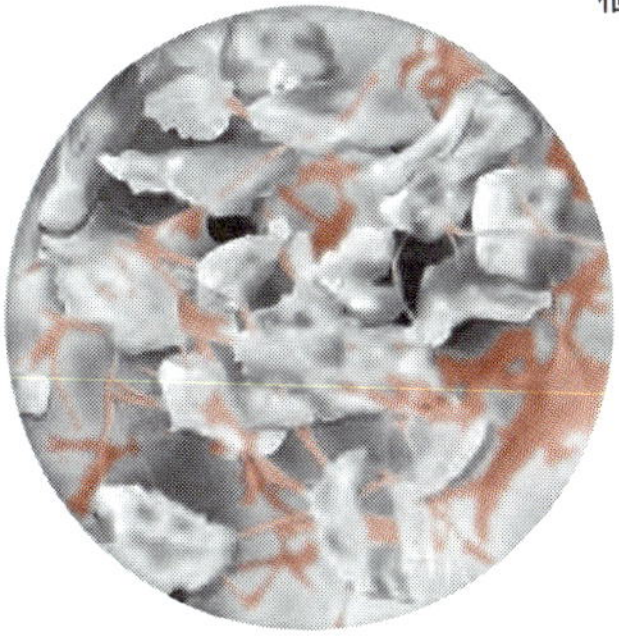

製品

出所:FiberLean Technologies

鉱物をぶつけると

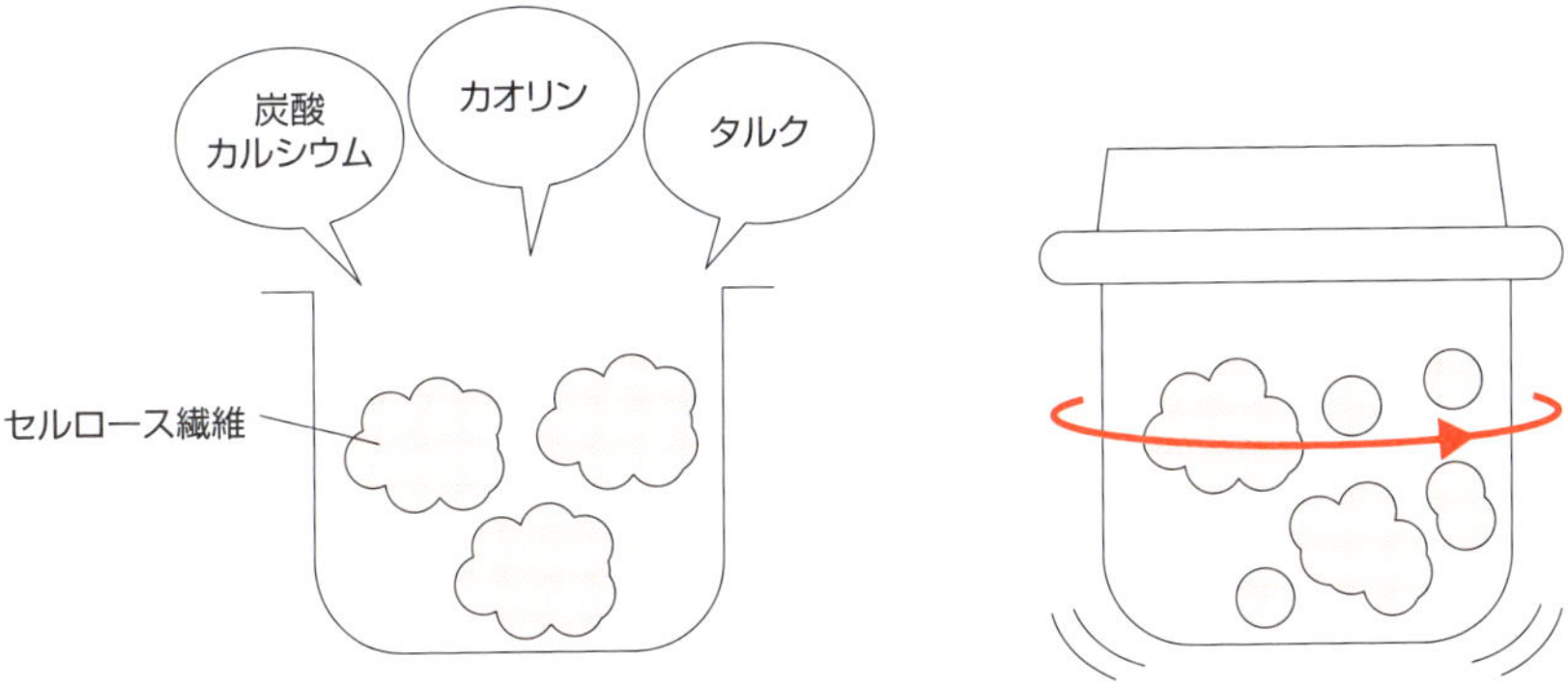

少ないエネルギーで
細かく解繊できる!

用語解説

填料（てんりょう）：印刷した文字などが紙の裏側に透けることを防止したり、紙に平滑性や強度を付与したりするために紙の中に配合する白色の無機材料。炭酸カルシウム、カオリン、タルクなどが相当する。紙以外にもプラスチックや合成ゴムなどにも添加し、フィラーとも言われる

23 酸による加水分解

セルロースナノクリスタルを作る主要な方法

セルロースナノクリスタル（CNC）は通常、パルプを酸で加水分解することにより作られます。セルロースには結晶領域と非晶領域があります。結晶領域は分解されにくく、非晶領域は分解されやすいため、セルロース繊維の非晶領域が分解され、紡錘形のCNCができます。酸としては主に硫酸が使われますが、塩酸やリン酸、ギ酸で分解する方法もあります。

パルプを原料として、硫酸で分解して製造する方法の一例を紹介します。まず原料をガラスライニングされた反応容器に入れ、64%硫酸を加えて45℃で1～1・5時間撹拌しながら分解します。続いて、固形分を回収して水洗した後に、冷却装置を備えたホモジナイザーに2～3回通し、完全に解繊します。

でき上がったCNCはゲル状の水懸濁液のため、多くの場合は乾燥して出荷されます。乾燥にはアルコール置換を経た凍結乾燥をする場合と、スプレードライヤーで乾燥する場合があります。なお硫酸で加水分解した場合は、表面にスルホ基（$-SO_3-$）が存在します。また一般的に、セルロースナノファイバーより耐熱性が高いと言われています。

CNCは、すでに複数の企業が製造・販売しています。それと同時に品質の向上、製造時の歩留り向上、製造コストの低減を目指した研究開発が進められ、企業によって製造条件が若干異なります。

この方法ではセルロース繊維の非晶領域が分解されてグルコースになるため、CNC製造における収率は、セルロース全体に占める結晶領域の割合（これを結晶化度と言います）を上回ることはありません。CNCを製造している企業の中には、副産物として生成するグルコースをバイオエタノール製造の原料にするなどして、収益性を高める工夫をしているところもあります。

要点BOX
- ●酸でセルロース繊維の非晶領域を切断する
- ●硫酸が主に使われるが、塩酸やリン酸、ギ酸で分解する方法もある

セルロースナノクリスタルの製造プロセス

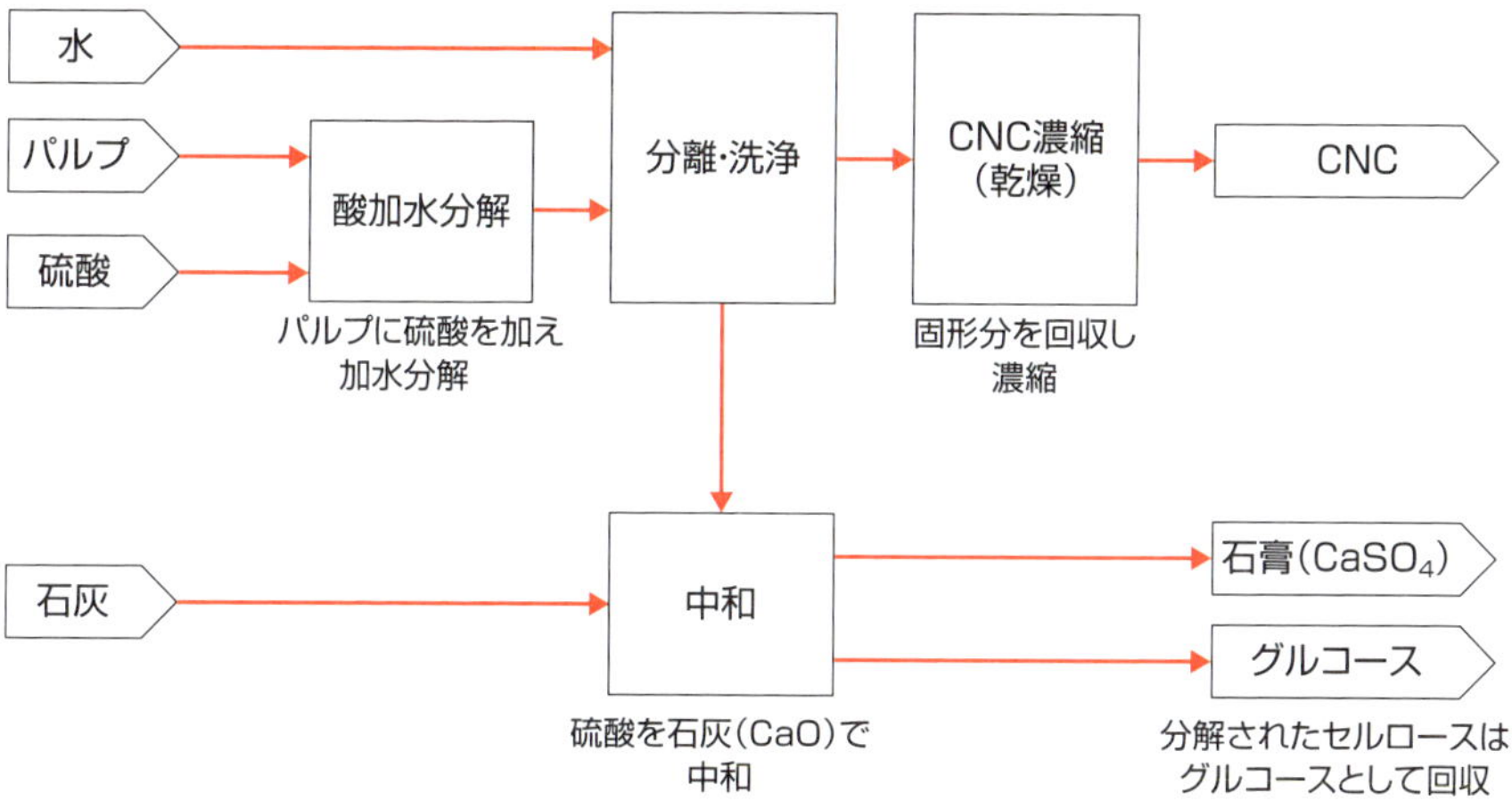

分子構造と写真

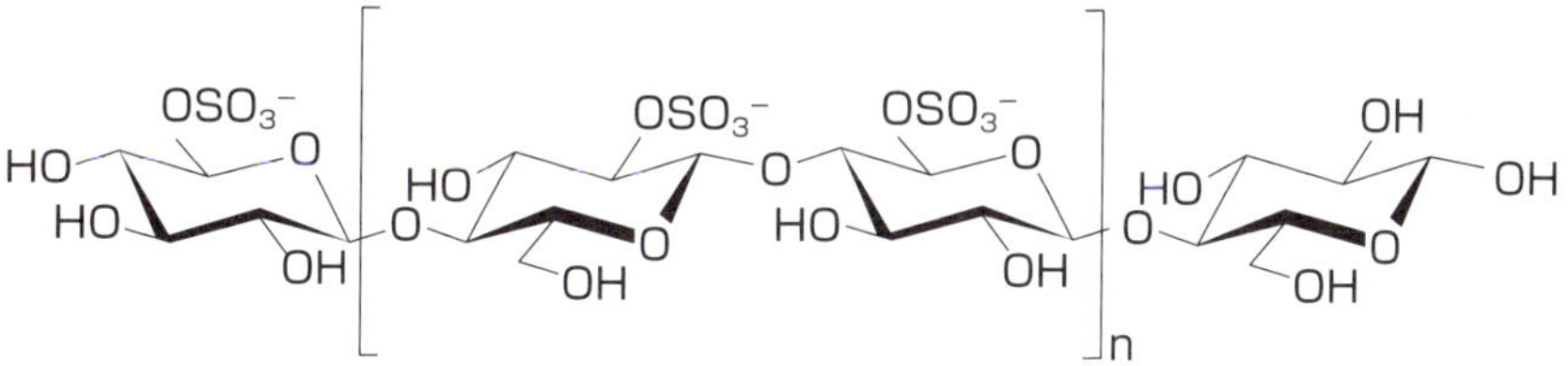

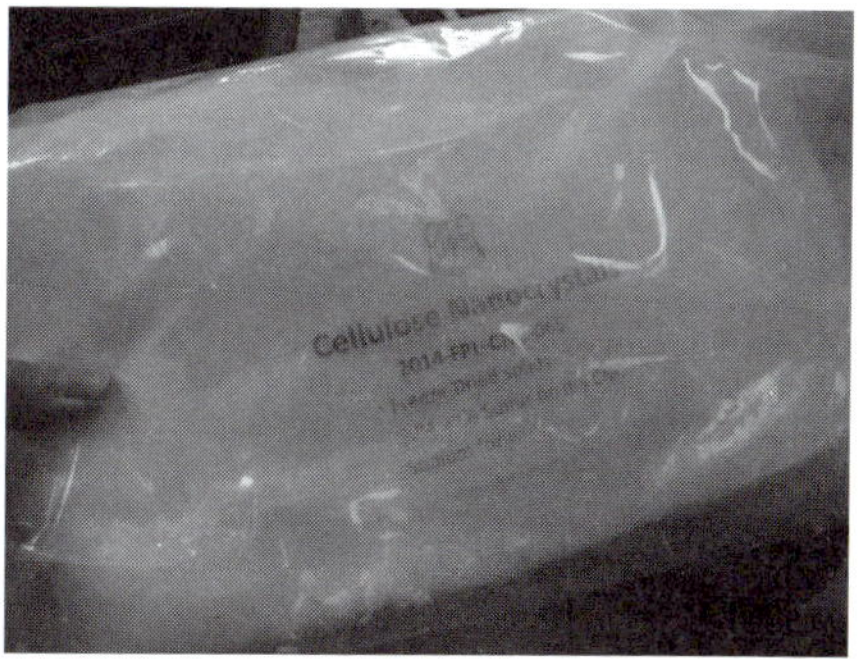

用語解説

結晶化度：結晶性高分子において、部分的に結晶になっていない部分があるとき、全体に占める結晶部分の割合を結晶化度という。結晶化度の測定はX線回折法により行う。木材パルプのセルロースでは、結晶化度は50～70%と言われる

24 超音波処理と酸加水分解の組合せ

加水分解の時間が短くてもCNCの収率を高められる

超音波ホモジナイザーは、溶液中に超音波振動を与えることでキャビテーションを発生させ、溶液中の物質に衝撃を与えることで物質の破砕や乳化、化学反応の促進、液体に溶解する気体の除去などを行う装置です。身近な例としては、メガネに付着した汚れを落とす洗浄装置などに超音波が使われています。

セルロース繊維を酸加水分解してセルロースナノクリスタル（CNC）を作るときに、超音波処理を行うと、加水分解に要する時間を短縮することができます。

加水分解の時間を十分に長く取れば、超音波処理をしないときとCNCの収率は変わらないことがわかっています。また長さが短く、径が小さいCNCが増加します。

超音波処理は、セルロース繊維の分解にどのような作用を及ぼすのでしょうか。

まず、超音波処理により原料のセルロース繊維の凝集を防ぐことで、水素結合によるネットワーク構造を破壊するため、酸加水分解を受ける面積を大きくします。さらにセルロースの凝集体において、内部の非晶領域に酸の分子を素早く到達させることができるため、結果として酸加水分解の反応速度が速くなります。

このほか超音波処理を行うと、結晶構造の層間剥離と乱雑化が起きます。セルロース繊維はセルロースミクロフィブリルが束になった構造をしており、セルロースミクロフィブリル同士は水素結合でつながっています。

超音波処理はこの水素結合を切るため、超音波処理を行うと径の小さなCNCが得られます。また超音波処理と酸加水分解により、β-1，4結合が切断されやすくなることで、長さの短いCNCが多く得られる結果につながります。

要点BOX

- ●超音波処理をしながら酸加水分解することで分解効率を向上
- ●径や長さの小さいCNCが得られる

超音波処理の効果

超音波処理がある場合

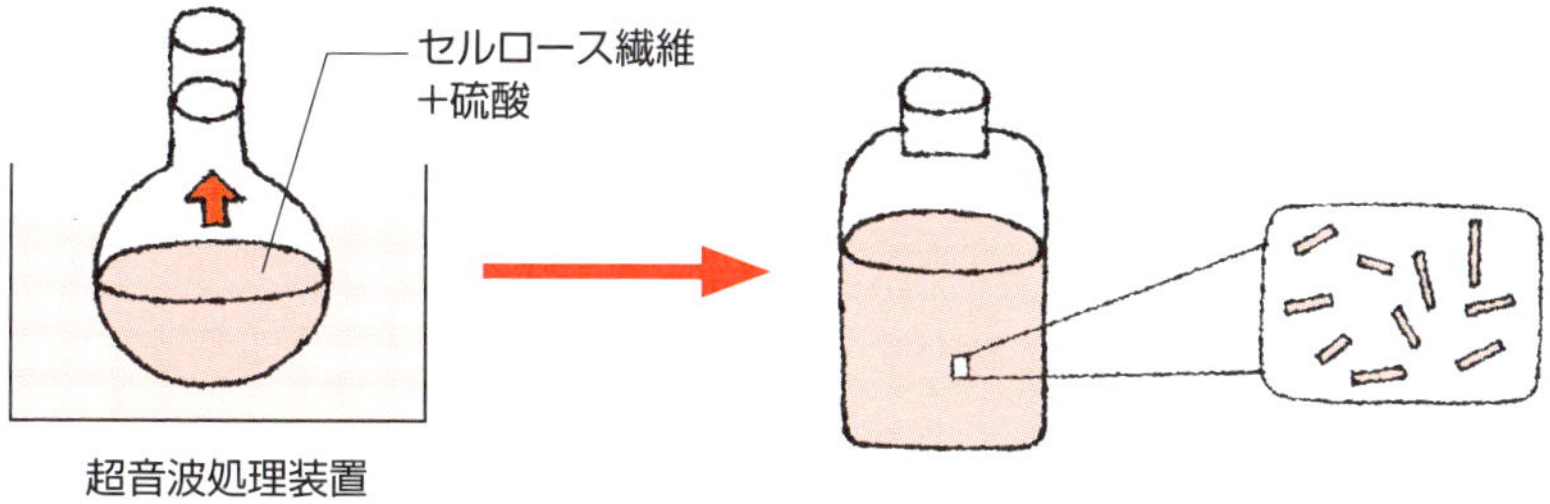

超音波処理がない場合

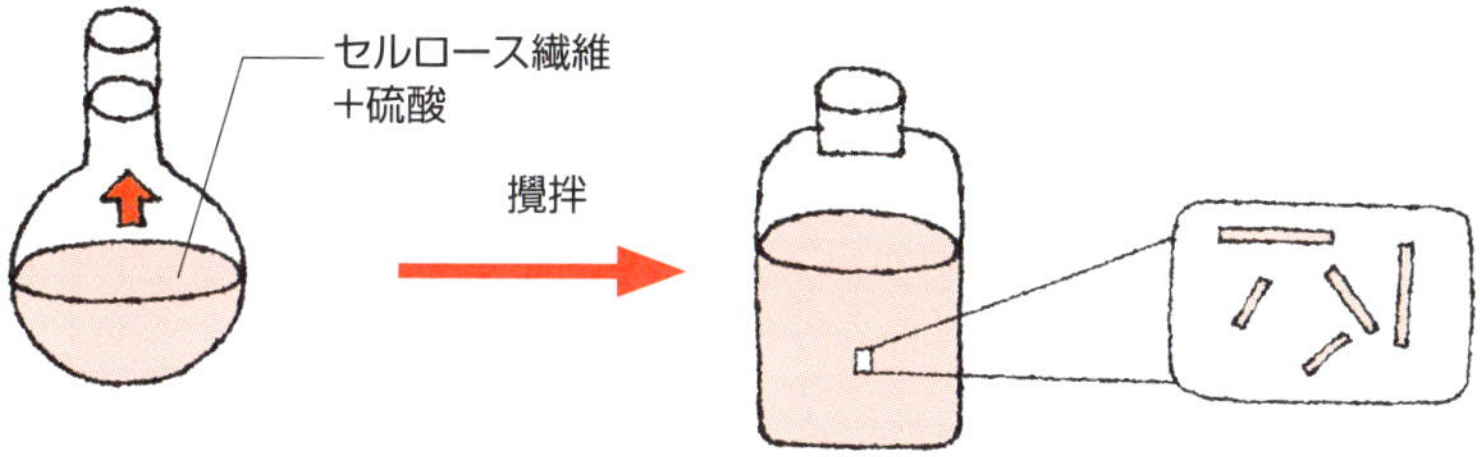

超音波処理をしながら
硫酸で分解すると分解しやすくなる

超音波処理で
セルロース繊維の凝集を防ぐ

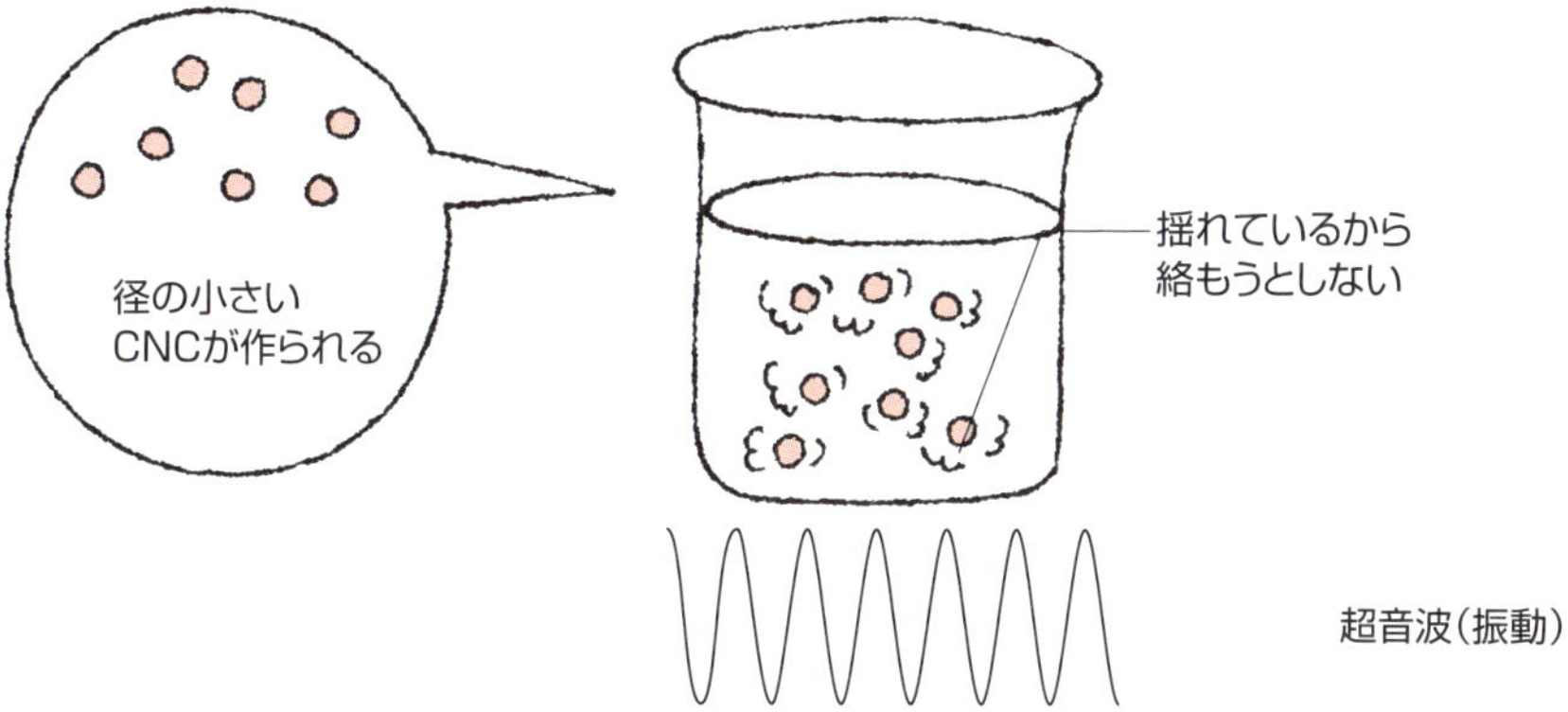

用語解説

キャビテーション：液体の流れの中で、圧力差により短時間に泡の発生と消滅が起きる現象。泡ができると周囲の液体が泡の中心に向かって移動し、泡が消滅する瞬間に中心で衝突して圧力波が発生する

25 微生物による生合成

バクテリアセルロースを作る主要な方法

バクテリアセルロースは、酢酸菌という細菌（バクテリア）が作るナノセルロースです。植物や動物から作るナノセルロースは、セルロース繊維を分解し、細かくして作るのに対し、バクテリアセルロースは、グルコースやフルクトースと呼ばれる単糖を原料に、細菌が生合成して作ります。

セルロースには結晶になっている領域と結晶になっていない領域がありますが、バクテリアセルロースは結晶になっている部分の割合が75％と、木材パルプの50％に比べて高くなっています。また、分解で製造すると原料に由来する物質、例えばヘミセルロースやリグニンが混入する可能性がありますが、細菌の培養で作るため、純度の高いセルロースナノファイバーが得られる点が特徴です。

バクテリアセルロースの製造は、タンクの中に原料となるグルコースまたはグルコースとフルクトースの水溶液を入れ、Gluconacetobacter xylinusという酢酸菌を入れて、一定温度で一定時間置いておきます。すると、水溶液の表面に寒天状の膜ができます。これがバクテリアセルロースです。この製造方法を静置培養と言います。

一方、タンクの中に原料の糖と酢酸菌を入れ、撹拌して培養する方法もあります。これを撹拌培養と言います。撹拌培養で作られるバクテリアセルロースはゲル状です。

グルコースの約40％が、バクテリアセルロースに変換が可能であると言われています。現在では、より収率の高い酢酸菌の探索・育種・改良や、遺伝子操作を利用した細菌の改変による収量増加が行われています。

なお、バクテリアセルロースはナタデココとして食用とされるほか、ソーセージのパッケージ材料や創傷被覆材として用いられています。

要点BOX
- ●酢酸菌を使ってグルコースなどから作られる
- ●静置培養と撹拌培養がある
- ●すでに食用として用いられている

バクテリアセルロースの生合成の仕組み

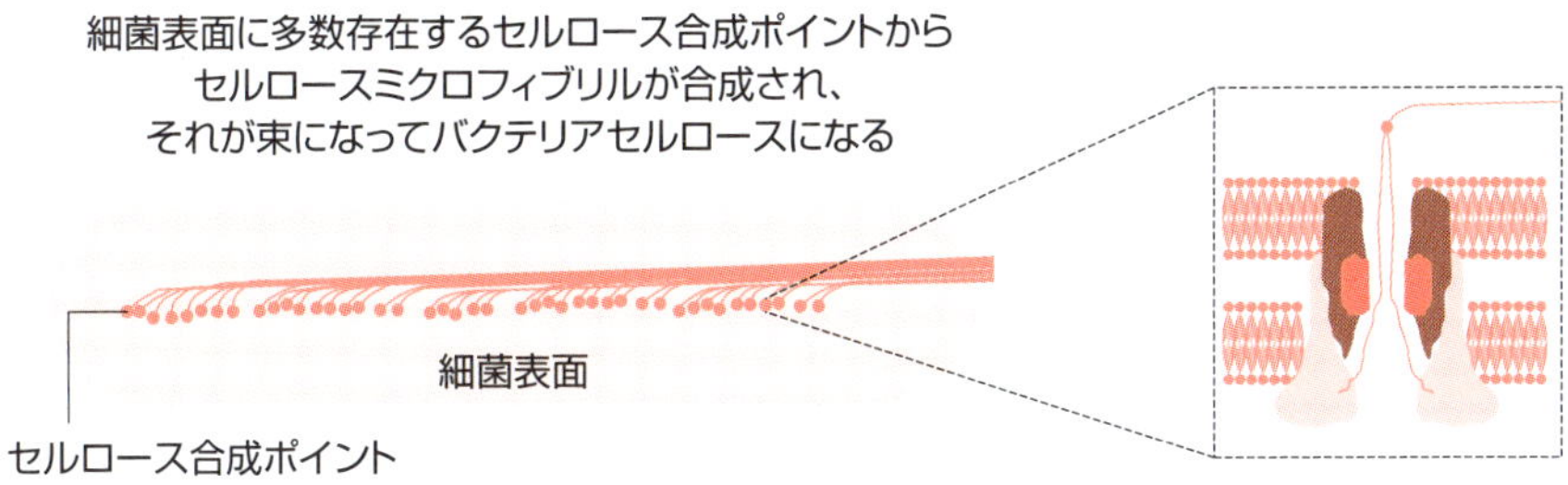

細菌表面に多数存在するセルロース合成ポイントから
セルロースミクロフィブリルが合成され、
それが束になってバクテリアセルロースになる
細菌表面
セルロース合成ポイント

静置法と撹拌法の仕組み

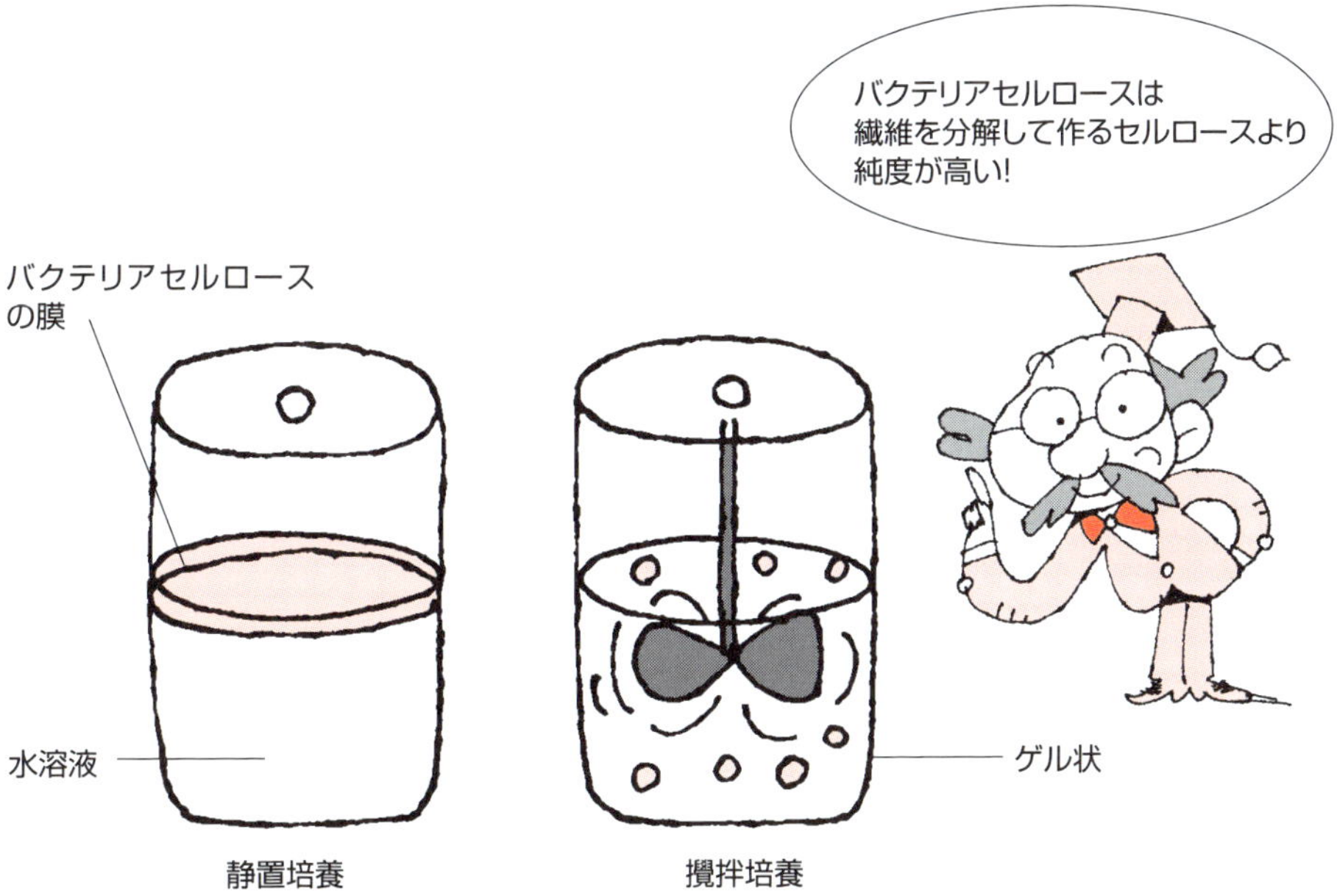

バクテリアセルロースは
繊維を分解して作るセルロースより
純度が高い!
バクテリアセルロースの膜
水溶液
ゲル状
静置培養
撹拌培養

用語解説

フルクトース：果糖とも言う。天然に存在する糖の中では最も甘く、スクロース（ショ糖）の約 1.7 倍。デンプンを原料にしたブドウ糖果糖液糖（果糖 42%）、あるいは果糖ブドウ液糖（果糖 55%）（異性化糖という）は、主成分がスクロースの砂糖より安価な甘味料として多用される。ブドウ糖果糖液糖は 132 円／kg

26 ホヤから抽出

被のうと呼ばれる外皮にセルロースが含まれている

ホヤは脊椎動物の一種で、体長は約10〜20㎝、直径は約10㎝で、海中で生活しています。体には入水孔と出水孔を持ち、水中のプランクトンをろ過して餌にしています。また、体は被のうと呼ばれる外皮で覆われています。

日本ではマボヤが東北地方を中心に養殖されているほか、天然物も出回っており、外皮を剥いて中身を刺し身、酢の物、和え物、唐揚げにして食べます。被のうはセルロースから成る膜で、移動ができないホヤを外敵から守っています。

ホヤの被のうに含まれるセルロースは比較的純度が高いことから、純度・結晶化度の高いセルロースナノファイバー（CNF）を得ることができます。本項では、ホヤからCNFを精製する方法を紹介します。

まずホヤの全体、または被のうの部分を10%の水酸化カリウム溶液に24時間浸して、セルロース以外の成分を溶解させます。これを水洗いした後、次亜塩素酸ナトリウムで漂白します。この作業を何回か繰り返すことで、ホヤのセルロースサンプルが得られます。これを原料に、本書ですでに説明してきた方法の中から適切な方法を選び使うことで、CNFを製造することが可能です。

ホヤから精製されたCNFは、結晶化度が95%以上に達するとのことです。一方でホヤは、1個当たり平均300g程度で、卸売価格は100〜200円と言われています。ホヤのセルロースを微結晶化したものが試薬として日本国内で販売されていますが、0・2%（W／V）懸濁液50㎖で約6万円です。これはCNFではないため単純な比較はできませんが、乾燥重量1g当たり60万円と極めて高価です。

なお、ホヤから製造されたCNFがスピーカーの振動板に使われたことがありました。

要点BOX

- **ホヤは、動物であるにもかかわらずセルロースを合成する**
- **ホヤのセルロースは純度・結晶化度とも高い**

ホヤの被のう

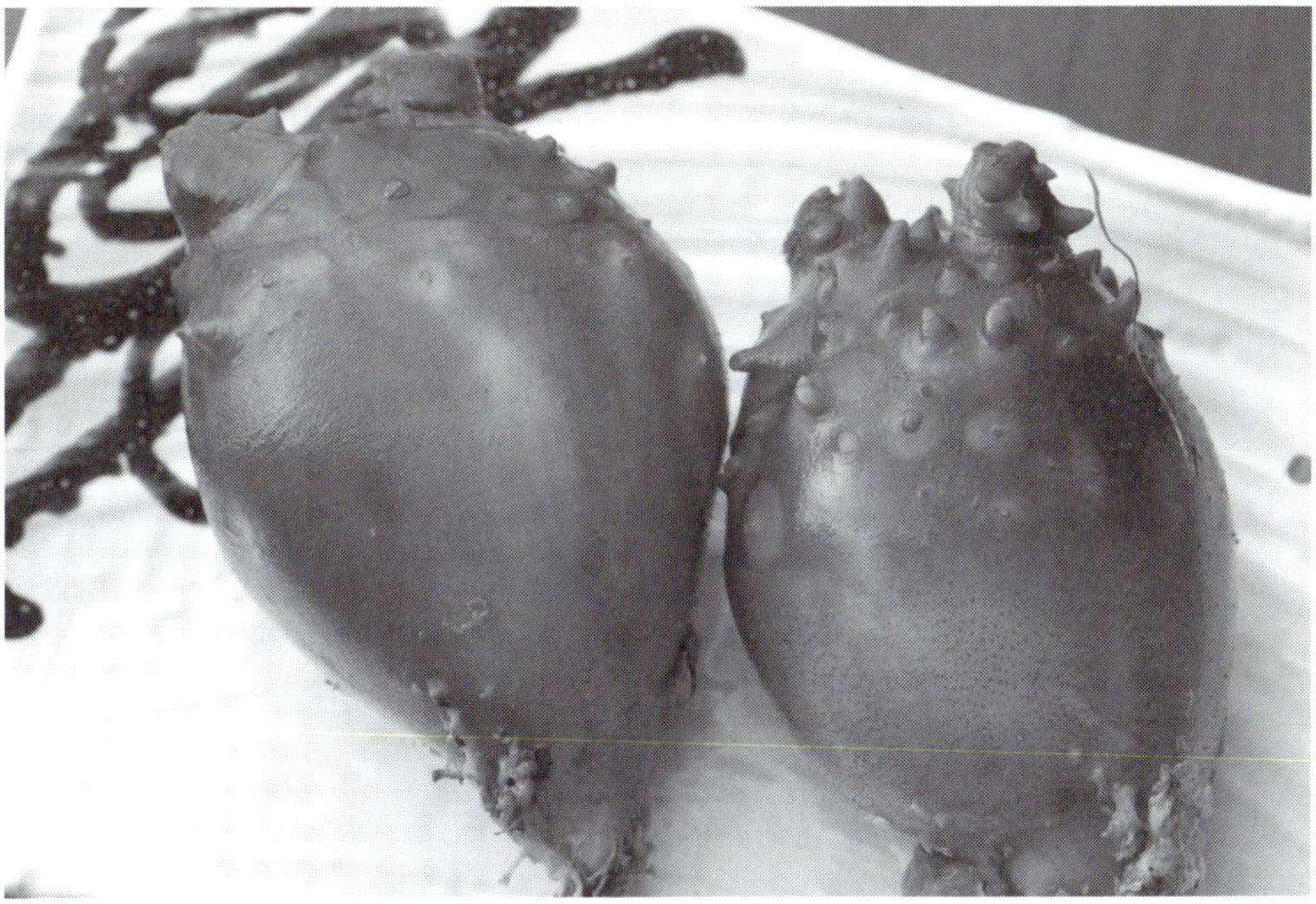

出所:ヤマウチ(山内鮮魚店)

ホヤの被のうに含まれる
セルロースはもともと純
度が高いんじゃよ
だから良質のCNFが
得られるんじゃ

Column

ナノセルロースの種類と呼び名

　ナノセルロースにはさまざまな種類があり、それぞれ呼び名があること、同じ物質でも複数の呼び名があること、その呼び名は国際標準で定義を決めようとしていることを本文で説明しました。ただ呼び名には非常に難しい問題があります。

　ナノセルロースの特性を表すために最もよく使われるのが、繊維の径と長さ、または長さを径で割ったアスペクト比であることを説明しましたが、繊維の径にも長さにも分布があります。例えば平均径50ナノメートル（nm）が同じであっても、ほとんどの繊維の径が40～60nmの範囲に入っている場合と、径が3～200nmの範囲で分布している場合とでは、明らかに異なるものです。

　また径が100nmより大きい繊維は、厳密にはナノセルロースではありません。外国の企業がセルロースフィブリル（Cellulose Fibril）という名前で販売しているものは、厚さが40～100nm、幅が80～300nm、長さは0・5～1mmです。3辺のうちの1つが100nm以下の物質をナノ物質と呼ぶという定義に従えば、セルロースナノファイバーに分類されます。

　これとは逆に、網目状や枝分かれによって、径や長さが測定できない、あるいは明らかに径が100nmを超えているにもかかわらず、セルロースナノファイバーと名乗っているケースもあります。今後、これらをどのような名称で呼ぶか、検討が必要になるでしょう。

径
長さ

長さ
径

アスペクト比で
見るのが大事なんだね

第3章

どんな性質・どうやって測定?

27 径と長さはナノサイズ

測定方法の国際規格化はこれから

ナノセルロースは、サイズがナノレベルであることが最大の特徴です。

セルロース繊維の最小単位であるセルロースミクロフィブリルは、径が3~4ナノメートル（nm）の繊維です。また機械解繊で製造したセルロースナノファイバー（CNF）は、径が3~100nm、セルロースナノクリスタルは、径が3~50nmと言われています。一方で、長さは0・1~数十μmまでとさまざまです。

ナノセルロースのサイズは、径とアスペクト比で表現されることが通常です。アスペクト比を知るには、繊維の長さを測定する必要があります。ではどうやって、繊維の径と長さを測定するのでしょうか。

電子顕微鏡で観察し、繊維1本1本の径と長さを測定し、その平均を出していくしかありません。とにかくサイズが小さいため、電子顕微鏡の中でも透過型電子顕微鏡（TEM）や原子間力顕微鏡（AFM）といった特殊な装置が必要になり、またクリアな画像を得るためにさまざまな前処理が不可欠です。

製造方法によっては径や長さがばらついている場合があり、正確な値を得るためにサンプル数を増やすことが求められます。

完全分散しているCNFの径と長さの測定方法について、国際規格の原案を作成している専門家グループは、直径は計測対象の繊維1本につき1カ所の測定とし、合計30本の繊維を測定すること。また長さについては、繊維折れ曲がり部が存在するときも1本の繊維と見なし、合計150本の繊維を測定することを提案しています。

CNFが完全分散しておらず網目状になっているときに、長さを正確に測定するには、希釈して分散させなければなりません。また、枝分かれしている場合はどこを径とするかについても、今後決めなければなりません。

要点BOX
- ●径と長さは電子顕微鏡観察下で1本ずつ測定
- ●網目状の場合やリグニンが付着している場合は測定が難しい

長さの測定例

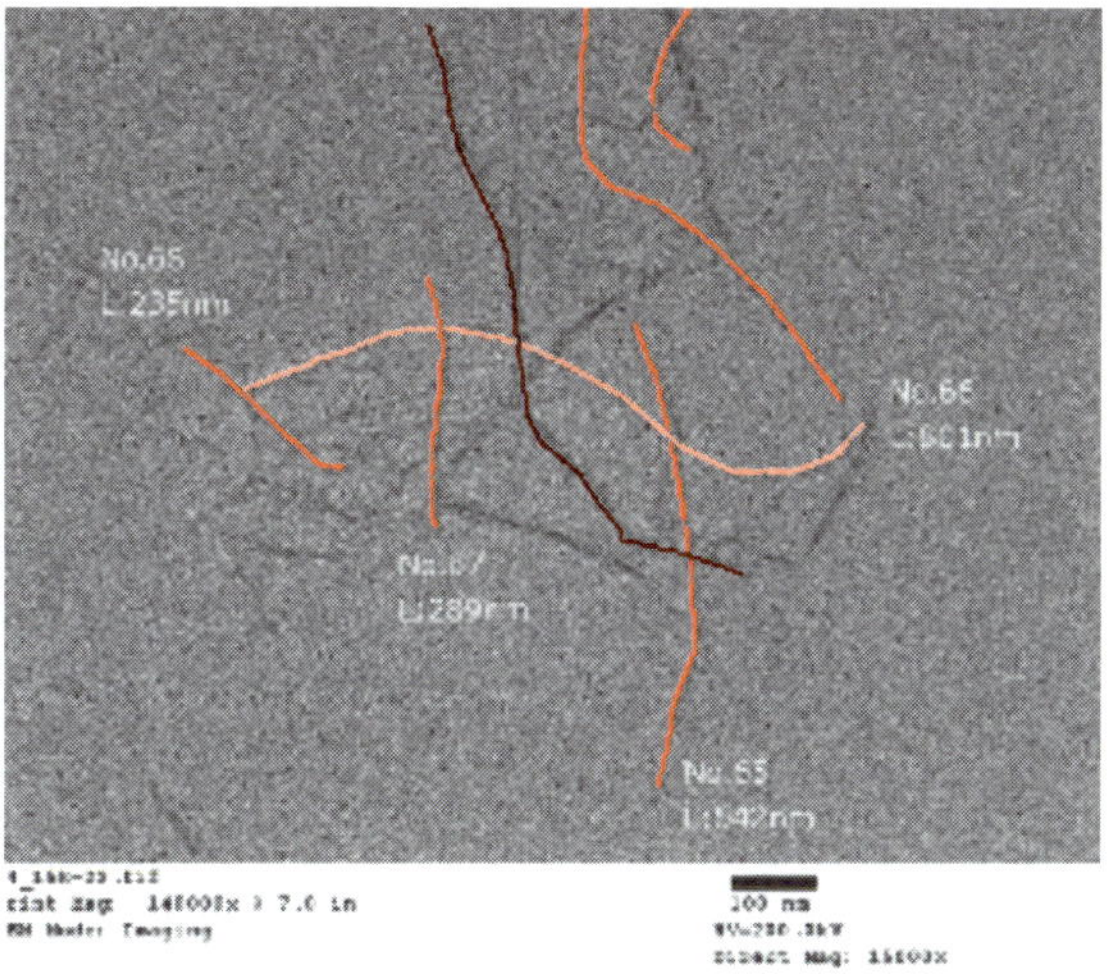

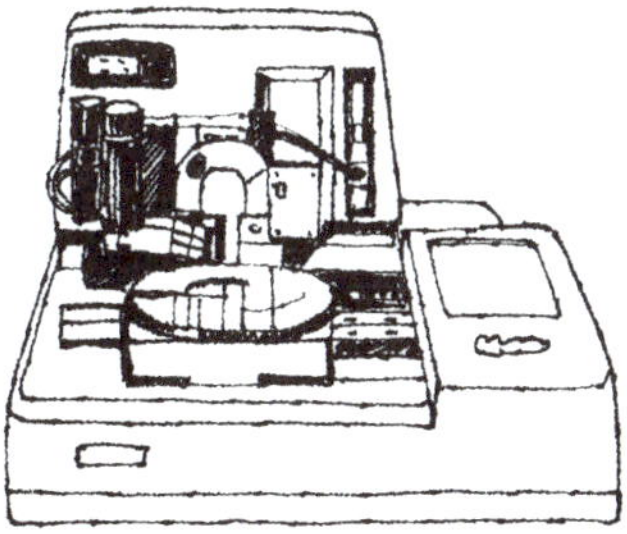

AFM

直径は30本
長さは150本
測定することを
推奨しているよ

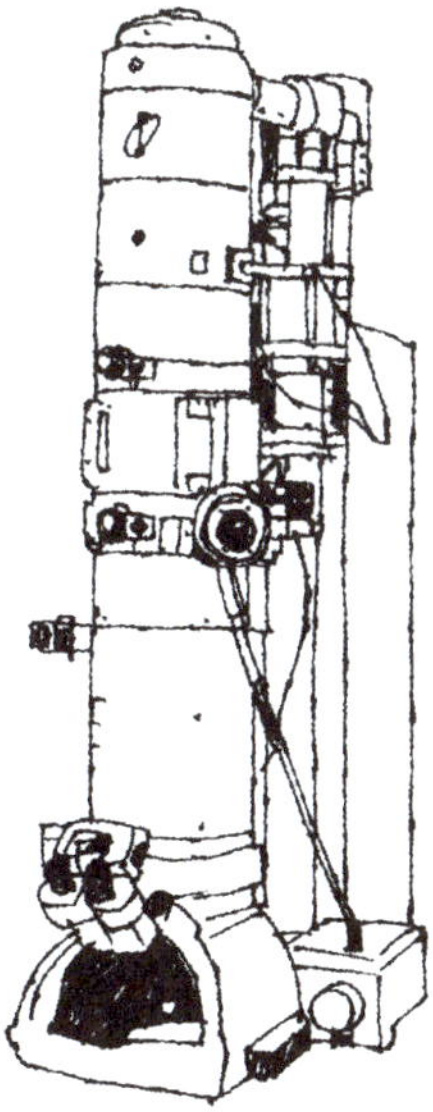

TEM

用語解説

アスペクト比：ナノセルロースの特徴を表す際によく使われる項目で、繊維の長さを径で割った値。例えば長さが5 μmで径が 5nm の場合、アスペクト比は 5,000 ÷ 50=100 となる

透過型電子顕微鏡：観察対象試料に電子線を当て、透過してきた電子線の強弱から観察対象内の電子透過率の空間分布を観察する顕微鏡。観察対象試料の画像を得ることができる

28 鋼鉄の5倍の強さ、5分の1の軽さ

尺度は引張破断強さと比重

よく言われるナノセルロースの特性に、「鋼鉄の5倍の強さで、5分の1の軽さ」があります。これは、ナノセルロースの繊維1本の引張破断強さが鋼鉄の5倍で、比重が鋼鉄の5分の1という意味です。この特徴と、それをどのようにして測定するかについて説明します。

繊維などを両側から徐々に引っ張っていくと、最初は伸びますが、あるところで切れてしまいます。これを破断と言います。この破断するときに、繊維などにかかった応力を断面積当たりで表したものが引張破断強さです。

引張破断強さはキャビテーション法によって測定できます。温度上昇しないように長時間水中で超音波処理し、これ以上は短くならない限界破断長を電子顕微鏡で測定し、その長さと繊維の幅から計算によって求めます。

TEMPO酸化セルロースナノファイバー（TOCNF）の引張破断強さは3GPaであることがわかりました。これは地球上で1㎠当たり30トンの応力がかかっているのとほぼ同じ状態です。いかに強いかがわかります。

ちなみに、セルロースナノファイバーの比重は1・5です。

一般構造用圧延鋼材（SS400）の引張破断強さは0・40～0・51GPa、高張力鋼の引張破断強さは0・59～0・78GPaなので、TOCNFの3・8～7・5倍です。一方、鉄の比重は7・85とナノセルロースの5・2倍です。

なお、ナノセルロースに近い引張破断強さと比重を持つ素材として、炭素繊維とアラミド繊維が挙げられます。引張破断強さはそれぞれ3・5～6・0GPaと2・9～3・4GPa、比重はそれぞれ1・8と1・4となっています。

要点BOX

- ●セルロースナノファイバー1本の引張破断強さと比重はどのくらい?
- ●引張破断強さはキャビテーション法で測定

応力ーひずみ線図

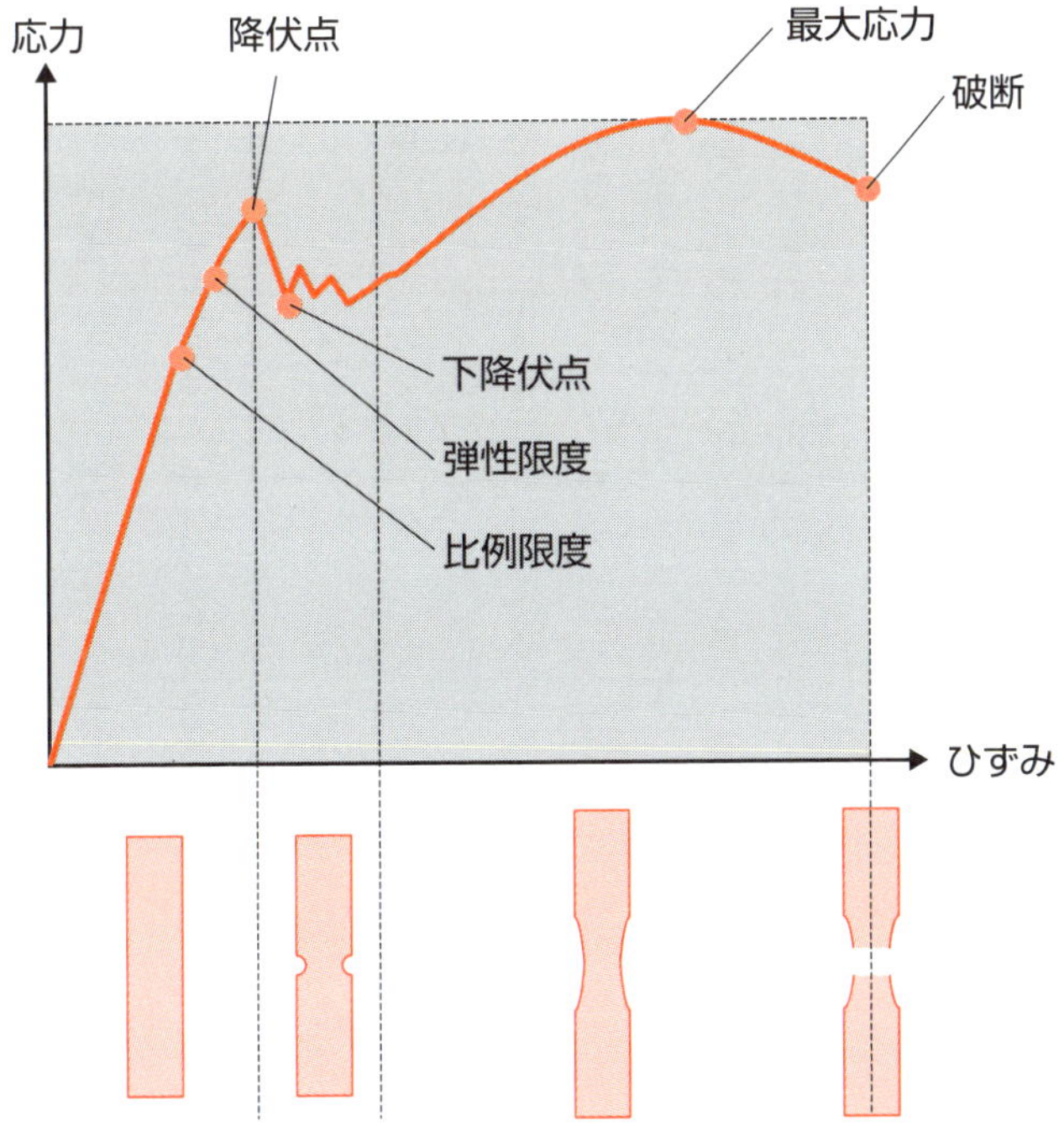

キャビテーション法による引張破断強さの測定

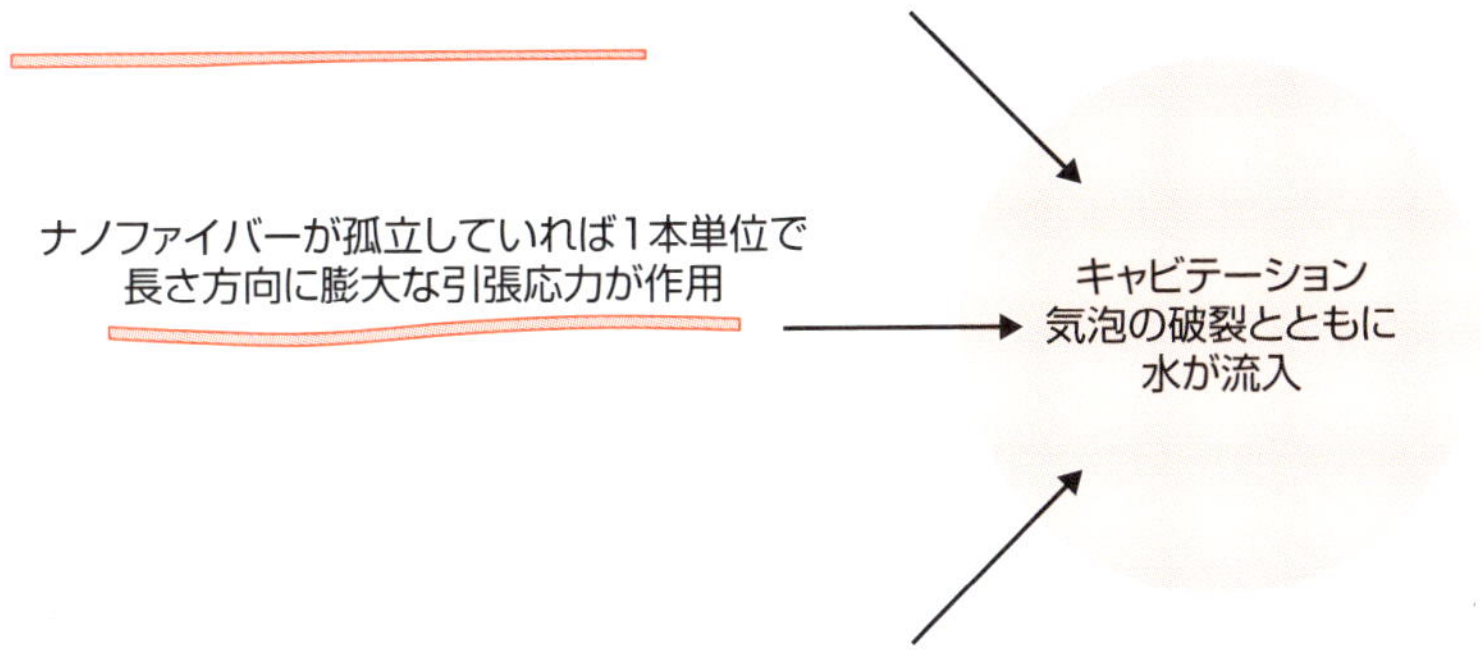

用語解説

キャビテーション：液体の流れの中で、圧力差により短時間に泡の発生と消滅が起きる現象。泡ができると、周囲の液体が泡の中心に向かって移動し、泡が消滅する瞬間に中心で衝突して圧力波が発生する

GPa: 応力・圧力の単位で 1GPa ＝ 1×10^9N ／㎡ 。また 1kgf ／㎠ ＝ 98.0665kPa のため、1GPa は地球上で 1 ㎠当たり約 10トンの力がかかっているのと同じになる

29 ヤング率と引張破断強さ

どちらも材料の強度を表す指標

固体に外から力を加えると、固体は変形しますが、この変形をひずみと呼びます。このとき、外から加える力（外力）は固体内部に生じている力（応力）と同じです。応力が大きくなるとともに、ひずみも大きくなりますが、この応力とひずみの比がヤング率で伸びの弾性率、引張弾性率とも言われます。

応力Sを縦軸、ひずみaを横軸に取り、応力とひずみの関係を表した図を応力－ひずみ曲線図と言いますが、この初期の傾き、すなわちΔS／Δaがヤング率で、同じ応力でひずみが少ない材料の方が、ヤング率は大きくなります。したがって、ヤング率が大きい材料ほど強度が高いことになります。

セルロースナノファイバーのヤング率は、原子間力顕微鏡測定下で、1本の繊維にカンチレバーで力を加え、得られた応力－ひずみ曲線図から測定できます。幅が5～6ナノメートルのバクテリアセルロースを用いてヤング率を測定したところ、140GPaと非常に大きな値であることがわかりました。

一方、引張破断強さは、材料を両側から徐々に引っ張っていき、破断したときに材料にかかった応力を断面積当たりで表したもので、キャビテーション法によって測定できます。

キャビテーション法とは、前項でも紹介しましたが、温度上昇しないように長時間水中で超音波処理し、これ以上は短くならない限界破断長を電子顕微鏡で測定し、その長さと繊維の幅から計算で求めます。もちろん、引張破断強さが大きい材料ほど、強度が高いことになります。

このようにヤング率（引張弾性率）と引張破断強さは、いずれも材料の強度を表す指標で、その数値が大きいほど強度が高いのですが、ヤング率はいわば「コシ」の強さを示す数値、引張破断強さは引っ張られたときにどこまで耐えられるかを示す数値ということになります。

要点BOX
- ●応力－ひずみ線図を覚えよう
- ●ヤング率が高い材料ほど強度が高い
- ●ヤング率はカンチレバーで測定する

応力ーひずみ線図

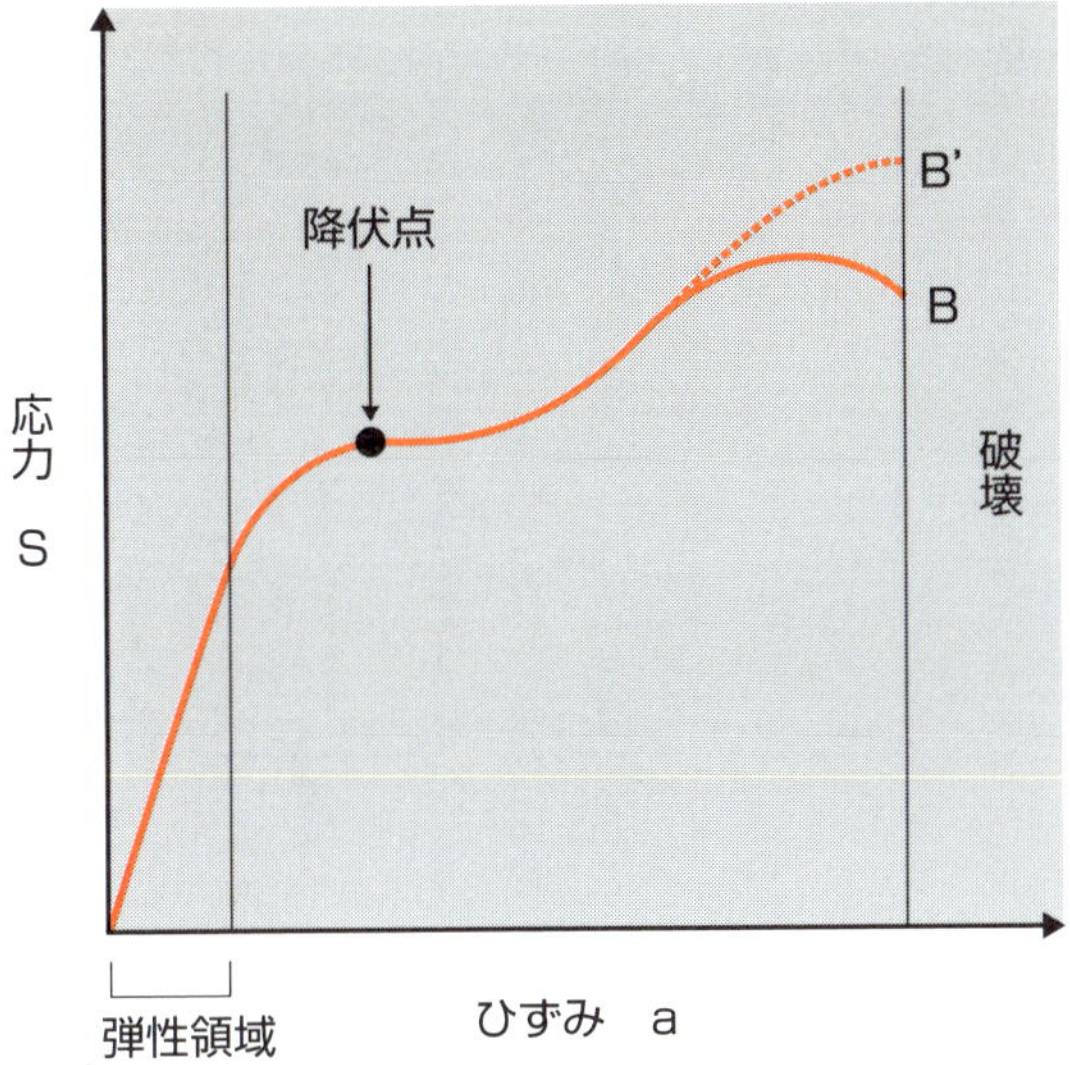

ヤング率は弾性領域での応力—ひずみ線図の傾きのことじゃ

カンチレバーによる強度測定

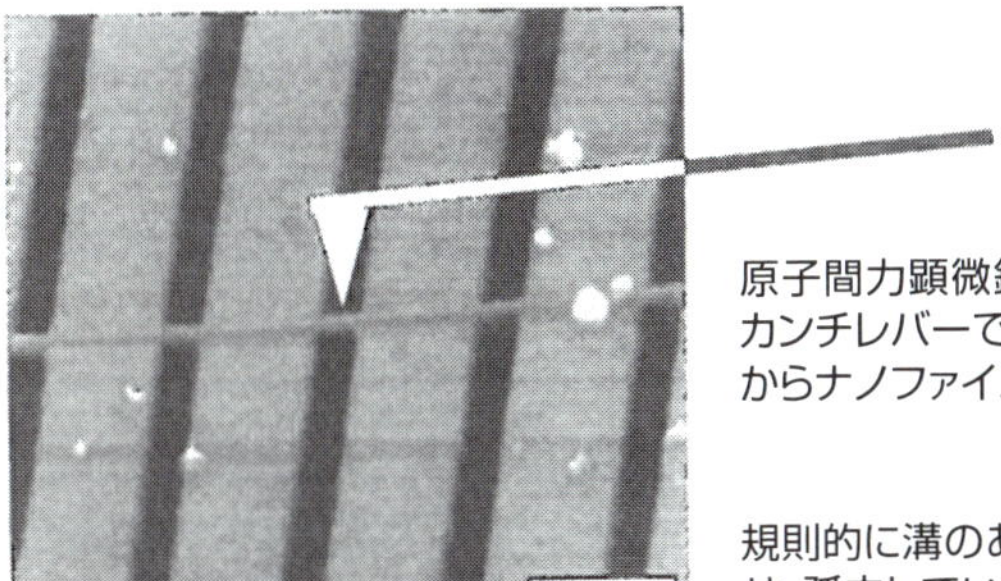

原子間力顕微鏡測定下で、1本のナノセルロースにカンチレバーで力を加え、得られる応力ーひずみ曲線からナノファイバーの長さ方向の引張弾性率を測定

規則的に溝のある基材上にナノセルロースを分散させ、孤立していて、長さ方向が溝に直角になっているナノセルロース1本単位を測定

30 ナノセルロースの性能に関わる比表面積

水分散したものと乾燥したものでは値が異なる

ナノセルロースはセルロース繊維を細かくほぐして作ったもので、元のセルロース繊維と比べて単位重量当たりの表面積が格段に大きくなっています。例えばウォータージェット法で製造したセルロースナノファイバー（ＣＮＦ）の比表面積は、１２０～１５０㎡／ｇと言われ、製造方法によっては３５０㎡／ｇを超えるという報告もあります。そして、その大きな表面にさまざまな官能基を導入することで、多量の金属や触媒を担持させることができます。

ナノセルロースの比表面積の測定には、試料の表面にまんべんなく気体を物理吸着させ、吸着したガスの量から計算によって求めるＢＥＴ法と呼ばれる方法が使われます。形状から考えて、ナノセルロースの比表面積が大きいことは間違いないのですが、その比表面積を正確に測定することは容易ではありません。それは測定のために試料を乾燥させる必要があるからです。

ナノセルロースは水分散液として得られますが、これを乾燥すると凝集し、再び水に分散させても元に戻らないことがあります。特に網目状構造をしているＣＮＦは凝集しやすいため、その比表面積は、水分散液中にあるときの比表面積より小さい値となっている可能性があります。

完全分散したＣＮＦの特性評価項目と特性評価方法について、国際標準の規格原案を日本の有識者で作成しましたが、比表面積は特性評価項目には含めませんでした。それは同じ試料でも、乾燥方法や乾燥条件によって異なる比表面積の値が出るため、ＣＮＦの特性をきちんと表せないとの判断によるものです。

一方で、ナノセルロースを乾燥した状態で用いる場合、試料の比表面積の値は意味を持ちます。ナノセルロースの比表面積の値を扱う場合は、その数値が何を表したものか十分に考慮すべきです。

要点BOX

- ●ナノセルロースはセルロース繊維に比べて比表面積が大きい
- ●比表面積の正確な測定は困難

ガス吸着による表面積の測定

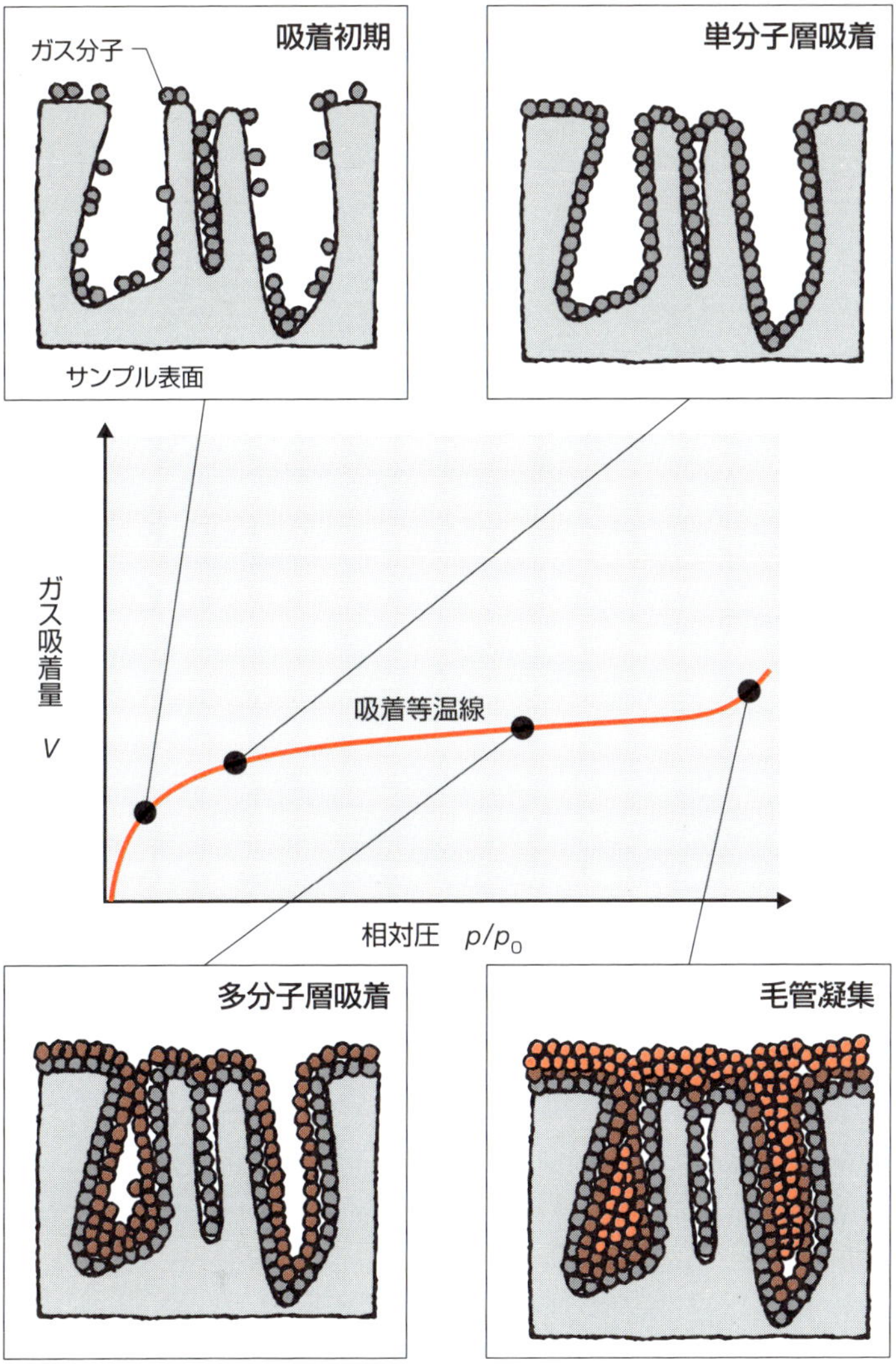

表面にガスを単層で吸着させることで、ガスの吸着量から表面積を測定する

用語解説

比表面積：ある物体についての単位重量、または単位体積当たりの表面積。ナノセルロースの場合は、乾燥重量当たりの表面積で示している場合が多い

官能基：有機化合物の特性を表す原子団。カルボン酸のカルボキシル基 -COOH、アルコールの水酸基 -OH、ケトンのカルボニル基 –CO、アルデヒドのアルデヒド基 -CHO など。セルロースには水酸基があり、これを置換して多様な官能基を導入できる

31 透明性はナノセルロースの代名詞？

繊維径と深い関係がある

ナノセルロースの特徴として、透明性が挙げられることがあります。例えばセルロースナノファイバー（CNF）のゲルは透明であるとか、CNFで作ったシートは透明であるという説明を聞かれたことがあるかもしれません。ただ、これは正しい説明ではありません。

ナノセルロースは、セルロース繊維を細かくして、径が1から100ナノメートル（nm）の範囲にしたものです。

完全分散したセルロースミクロフィブリルであるTEMPO酸化CNF（TOCNF）は、径が3nmとほぼ均一です。そのゲルは透明で、TOCNFから作ったシートも透明です。一方で、透明ではないナノセルロースもたくさんあります。この違いは何なのでしょうか。

ナノセルロースが透明である理由は、光の波長の10分の1以下に相当する大きさの物体は、透明材料に混合されても光の散乱を生じないことが理由です。

波長が400〜800nmの範囲の光を可視光線と呼びます。ちなみに波長が400nm付近では紫色、800nm付近では赤色であることから、400nmより低い波長の光を紫外線、800nmより高い波長の光を赤外線と言います。

ナノセルロースを水に懸濁させたゲルについて考えてみましょう。

径が3〜4nmで完全分散しているTOCNFのゲルは透明ですが、機械解繊のみで作った径が100nm近いCNFは透明ではありません。また、バクテリアセルロース（ナタデココ）のように繊維の径が20〜50nm程度でも、あるいは細いセルロースミクロフィブリル同士が絡まって網目状になっている場合も、透明にはなりません。

要点BOX
- ●径が小さいナノセルロースは光散乱しないため透明に見える
- ●全部が全部、透明というわけではない

透明に見える理由

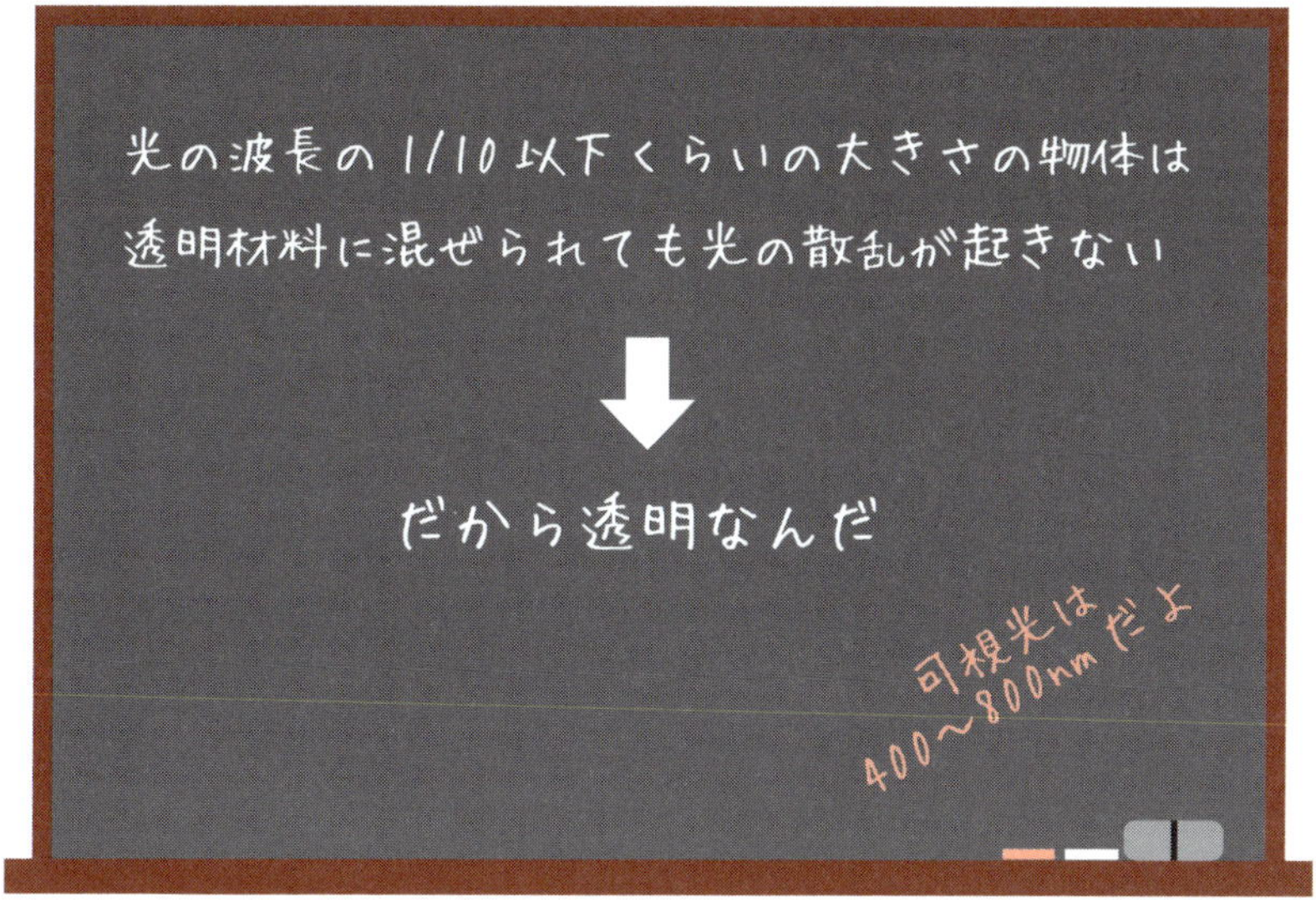

光の波長の1/10以下くらいの大きさの物体は
透明材料に混ぜられても光の散乱が起きない
だから透明なんだ
可視光は
400〜800nmだよ

径の大きさが可視光の
波長よりも
小さいから透明になる

32 低熱膨張と耐熱性

特性を活かして電子部品材料に適用可能

ナノセルロースは温度変化により長さが変わりにくい、すなわち寸法安定性という特徴があり、線膨張率は1×10^{-7}／Kと言われています。これは温度が1℃上昇すると、1mのものが0・1㎛伸びるという意味で、言い換えればほとんど熱膨張しない材料であるということです。主要な材料の線膨張率を次ページの表に示します。ちなみに炭素繊維の線膨張率がマイナスであるのは、温度が上昇すると長さが短くなるという意味です。

電子部品を固定して配線するためのプリント基板には、紙やガラス繊維にエポキシ樹脂を含浸したものや、紙にフェノール樹脂を含浸したものが使われます。電子部品の中には発熱量が大きいものがあるため、低熱膨張で強度が高いというナノセルロースは、基板材料あるいはフィラーとして適していると言えます。また同じ理由から、電子部品やエレクトロニクス製品の外装に使えそうです。

一方で、ナノセルロースの耐熱性はどうなっているのでしょうか。

セルロースの融点は260~270℃です。汎用プラスチックの成形温度は170~280℃程度のため、プラスチックのフィラーとして十分使用可能と考えられます。耐熱性については、ナノセルロース単体の耐熱性だけでなく、複合材料の耐熱性についての評価が重要です。ナノセルロースをフィラーとして樹脂やゴム、コンクリートに混ぜて用いる研究開発が進められており、その過程で複合材料の耐熱性について評価され、また耐熱性を高くするための工夫が行われています。

最後にナノセルロースは燃えやすい材料でしょうか。セルロースの引火点は164℃と言われ、それ以上に加熱して着火源があれば燃えます。紙は無機物を加えているためもう少し高く、引火点は200~350℃程度とのことです。

要点BOX

- 温度によって長さが変化しにくい
- 融点は260~270℃、引火点は164℃
- 複合材料の耐熱性も合わせて評価する

主要な材料の線膨張率

材料名	線膨張率（10^{-6}／K）
ナノセルロース	0.1
フェノール樹脂	0.25～0.68
ポリメチルメタクリレート（アクリル樹脂）	0.45～0.7
石英ガラス（0～100℃のとき）	0.5
ポリスチレン	0.6～0.8
高密度ポリエチレン	1.1～1.3
硬質ガラス	8.5
炭素鋼	10.8
コンクリート	12
ステンレス鋼（SUS304）	17.3
パラフィン	110
ゴム	110
炭素繊維	−1.5～−0.4

用語解説

熱膨張率（熱膨張係数）：温度の上昇によって物体の長さや体積が膨張する割合を、温度当たりで示したもの。単位は毎ケルビン（1／K）。長さが変化する割合を線膨張率、体積の変化する割合を体積膨張率といい、体積膨張率は線膨張率の約3倍となる

融点と引火点：融点は固体が液体になり始める温度。引火点は物質が揮発し、空気と可燃性の混合物を作ることができる最低温度であり、着火源があれば燃焼が起こる

33 ガスバリア性と細孔制御性

単繊維の長さと表面改質が決め手

ナノセルロースを単独で、あるいは無機材料と混ぜてフィルム化することにより、ガスバリア性のあるフィルムを作ることができます。また製造条件を変えることで、フィルムが持つ細孔の大きさを変えることができるため、特定の物質を分離するときなどに適用することが可能です。ここではその仕組みについて説明します。

ナノセルロースはセルロースの単繊維からできていますが、原料や製造方法によって性状は大きく異なります。ナノセルロースの懸濁液を単にろ紙上で乾燥しただけでは、ガスバリア性のあるフィルムを作ることはできません。ナノセルロースがランダムに配列すると、フィルムに隙間ができるためです。ガスバリア性のあるフィルムを作るためには、単繊維の長さと表面改質がポイントとなります。

通常のナノセルロースは、表面に水酸基（-OH）を多数持っています。これをカルボキシ基（-COOH）に置き換えることで、単繊維同士の凝集を防止でき、フィルム化したときに緻密な膜構造が得られます。またこの際、繊維の長さが短いほど、高いガスバリア性が得られることがわかっています。

ナノセルロースのフィルムは単独で用いられるのではなく、ポリエチレンやポリプロピレンといった基材となるフィルムに積層して用いられます。

ところで、フィルムが高い湿度環境に置かれると、ガスバリア性が低下すると言われています。これを改善するために、無機粒子を加えることが考え出されました。

無機粒子としては、層状のナノクレイやマイカ（雲母）が用いられます。さらに、原料として用いるナノセルロースの繊維長、繊維径、表面改質の方法と程度や、添加する無機粒子の種類、量を変えることによって、さまざまな細孔を持つフィルムを作ることが可能です。

要点BOX
- ●フィルムを作ったときに細孔の大きさをコントロールすることが可能
- ●ガスバリア性やガス分離特性を付与できる

ガスバリア性の発現メカニズム

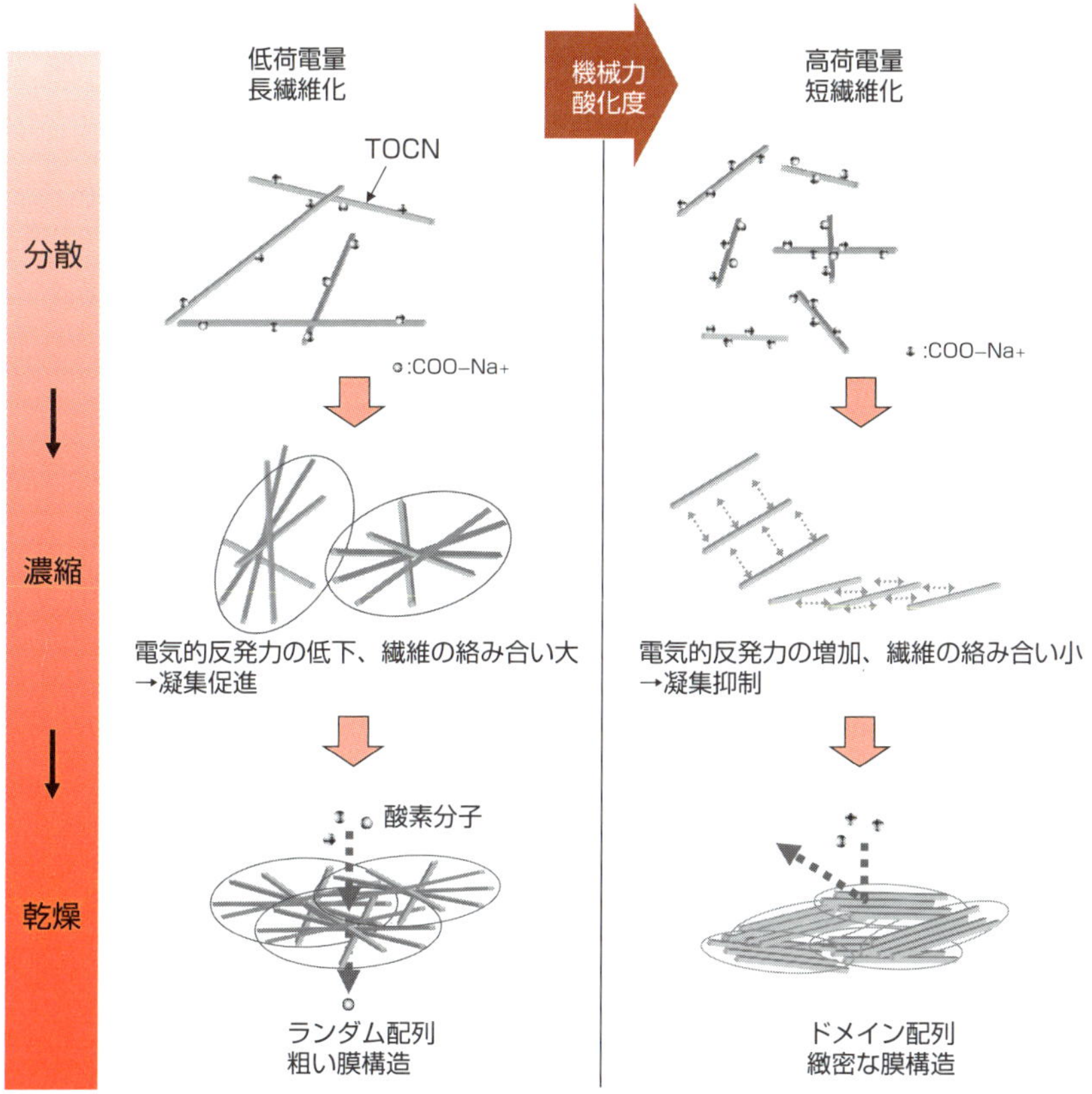

ナノクレイとCNFの複合フィルム

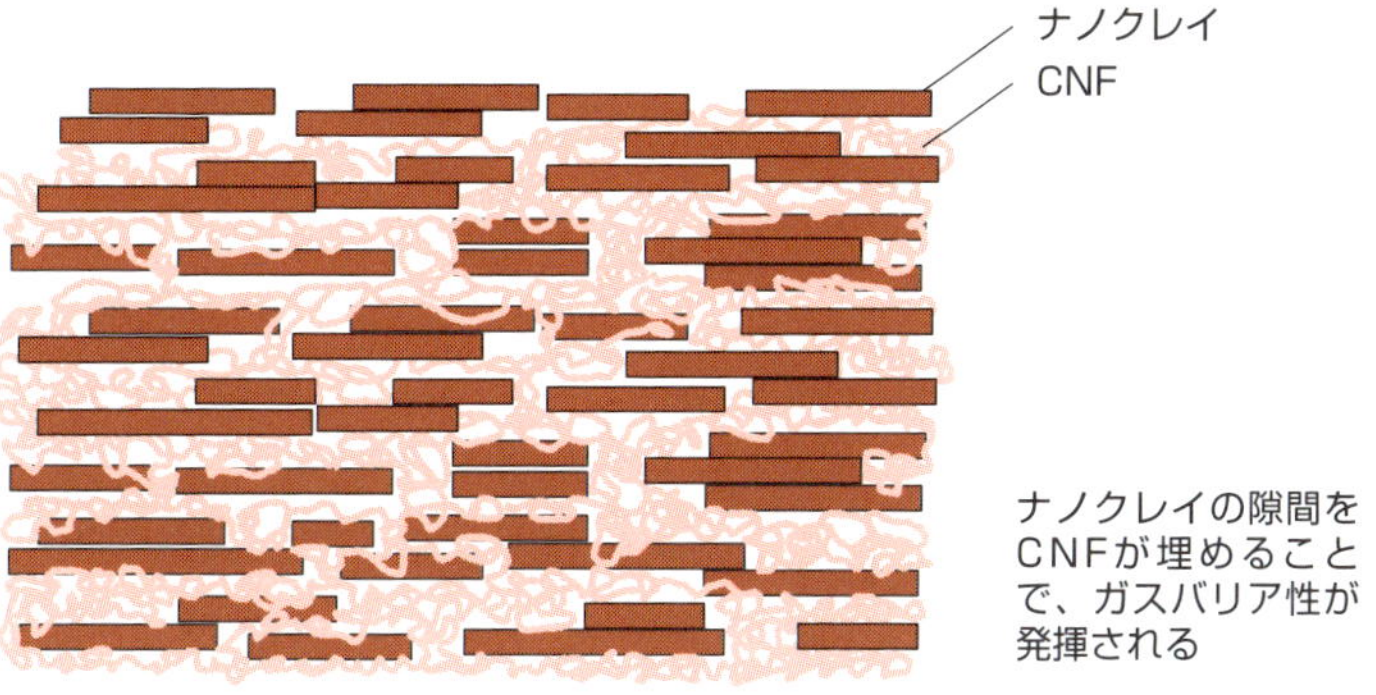

34 増粘性とチキソ性

粘度の変化に特徴がある

　ナノセルロースを水に懸濁しゲル状にしたものには、少量の添加により液体の粘度を増す増粘性があります。これとあわせて、液体中に分散する成分が均一に存在するようにする安定化作用、液体をゼリー状に固めるゲル化作用などもあり、さまざまな用途が検討されています。

　ところで、増粘性がある物質は世の中に多数あり、食品添加物や工業原料として広く使われています。例えばキサンタンガムという物質は細菌の培養で作られ、グルコース、マンノース、グルクロン酸などから成る多糖類で、ドレッシングやたれ類に広く使われています。ナノセルロースもセルロースから成る多糖類ですが、どこが違うのでしょうか。

　従来の増粘安定化剤と大きく異なる性質に、チキソ性（チクソ性、thixotropy）があります。チキソ性とは、物質がせん断応力を受け続けると粘度が低下し、サラサラになりますが、せん断応力がかからなくなると、また元の粘度が高い状態に戻るという性質です。

　具体的に言うと、静止状態では高粘度であるゲル状物質を、ミキサーで撹拌したり容器を振ったりすることでゲル状物質がサラサラになりますが、静置するとまた元に戻るということです。

　チキソ性を示す身近な物質としてケチャップがあります。ケチャップは瓶を逆さまにしただけでは出てきませんが、振れば出てきます。これはケチャップに含まれる砂糖とペクチンの間にある水素結合が、瓶を振ることによって切れるためです。

　ナノセルロースもチキソ性と同様で、通常は単繊維同士が水素結合してゲル化しているものに、せん断応力を加えることで水素結合が切れ、流動化します。なお、すべてのナノセルロースのゲルが良好なチキソ性を示すわけではなく、単繊維同士が水素結合しているゲルに限られます。

要点BOX
- ●増粘性、チキソ性という性質を理解しよう
- ●単繊維同士が水素結合しているゲルにチキソ性が現れる

チキソ性の原理

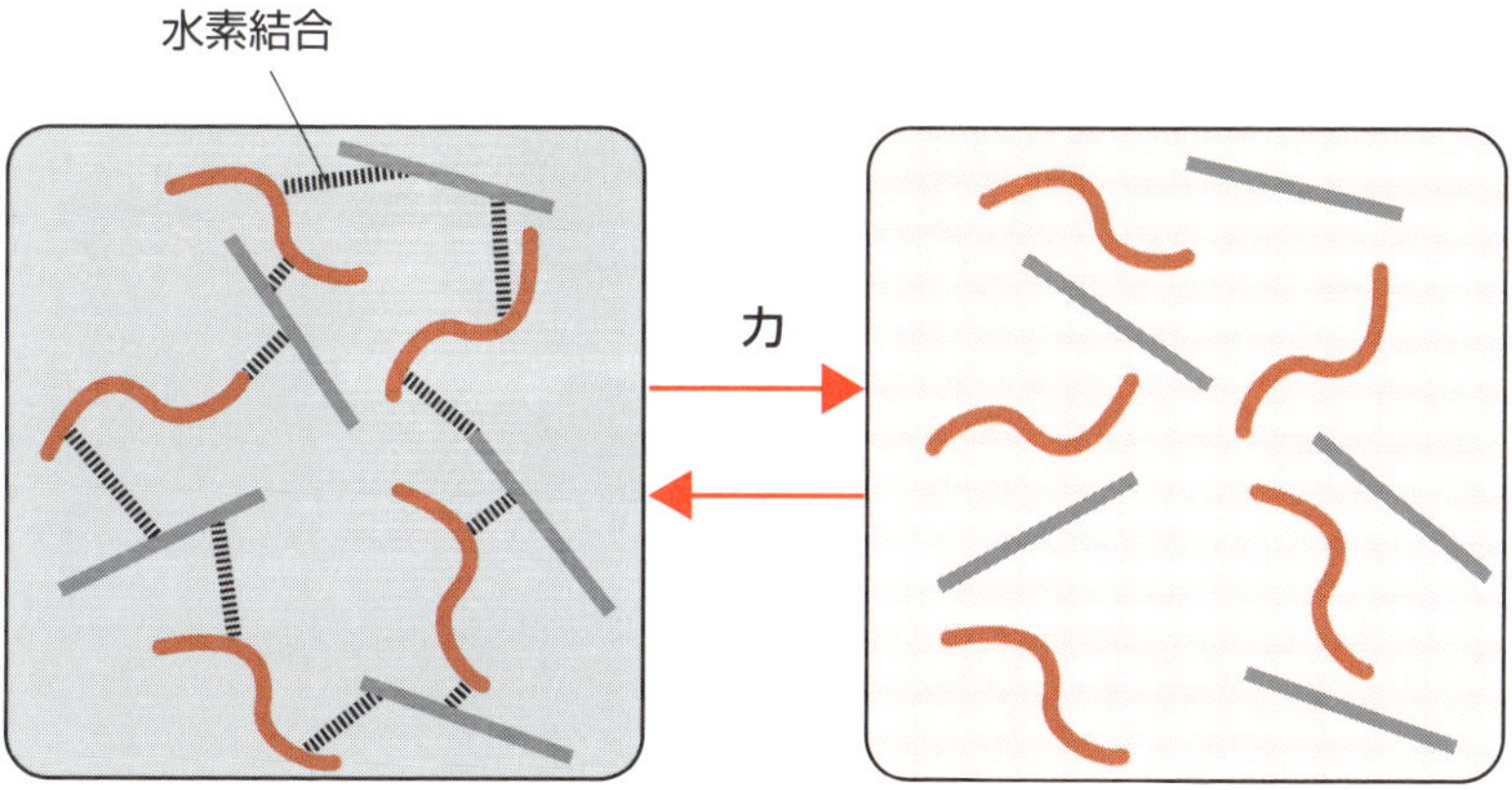
水素結合
力

固体（ゲル）
力が加わっていないときは、物質と物質の間に水素結合が働くので固体となる

液体（ゾル）
力が加わると水素結合が切れて液体になる

振ることで水素結合が切れて流動するんじゃ

用語解説

せん断応力：物体内部のある面の平行方向に、すべらせるように作用する応力のこと

粘度の測定：試料を水中に均一に分散した後、24 時間以上静置してから、レオメーターを用いて 25℃、せん断速度 0.001 ～ 1000s^{-1} の範囲で測定する、縦軸に粘度 [mPa・s]、横軸にせん断速度 [s^{-1}] を取り、流体の特性を判別する。この際、濃度や測定条件を明確に記載する

35 品質の指標となるセルロースの純度

国際標準化機構で規格策定が進む

ナノセルロースはセルロース繊維を細かくしたものであるため、セルロースが主成分です。ところが、原料や製造方法によってはセルロース以外の成分が混入している場合があり、またリグノセルロースナノファイバーのように、リグニンが残存していることを特徴にしているものもあります。

いずれにしてもセルロースの純度は、、ナノセルロース製品の製造や商取引を行う際の品質管理基準として、重要な指標です。ここでは、セルロースの純度を測定する方法について説明します。

試料のセルロース純度を求めるためには、まず試料に含まれる有機溶媒に溶ける低分子物質の量を調べます。試料を凍結乾燥し、重量を測定した後にアセトンを用いたソックスレー抽出という方法で、アセトンに溶けた物質の重量を調べます。

続いて、有機溶媒に溶ける低分子物質が除かれた試料を使って、構成糖の分析を行います。構成糖の分析は、試料を硫酸で分解して単糖にした後、液体クロマトグラフによって行います。

セルロースはグルコースがβ-1，4結合でつながった高分子のため、仮にセルロースの純度が100％だとすると、構成糖はすべてグルコースということになります。

ただ原料や製造方法によっては、植物の主要成分であるヘミセルロースが残存している場合があり、その構成糖であるキシロース、マンノース、アラビノースが検出されることがあります。これらの値をもとに計算によって、試料に含まれるセルロースの重量を求めるのです。

ナノセルロースの品質を表す指標として、セルロースの純度は極めて重要ですが、今のところ、公に認められた分析方法がありません。国際標準化機構において、規格化に向けて協議が行われています。

要点BOX

- ●セルロースの純度は構成糖と有機溶媒に溶ける低分子物質の量を測定して計算する
- ●純度がナノセルロースの特性を左右する

セルロースの純度の測定

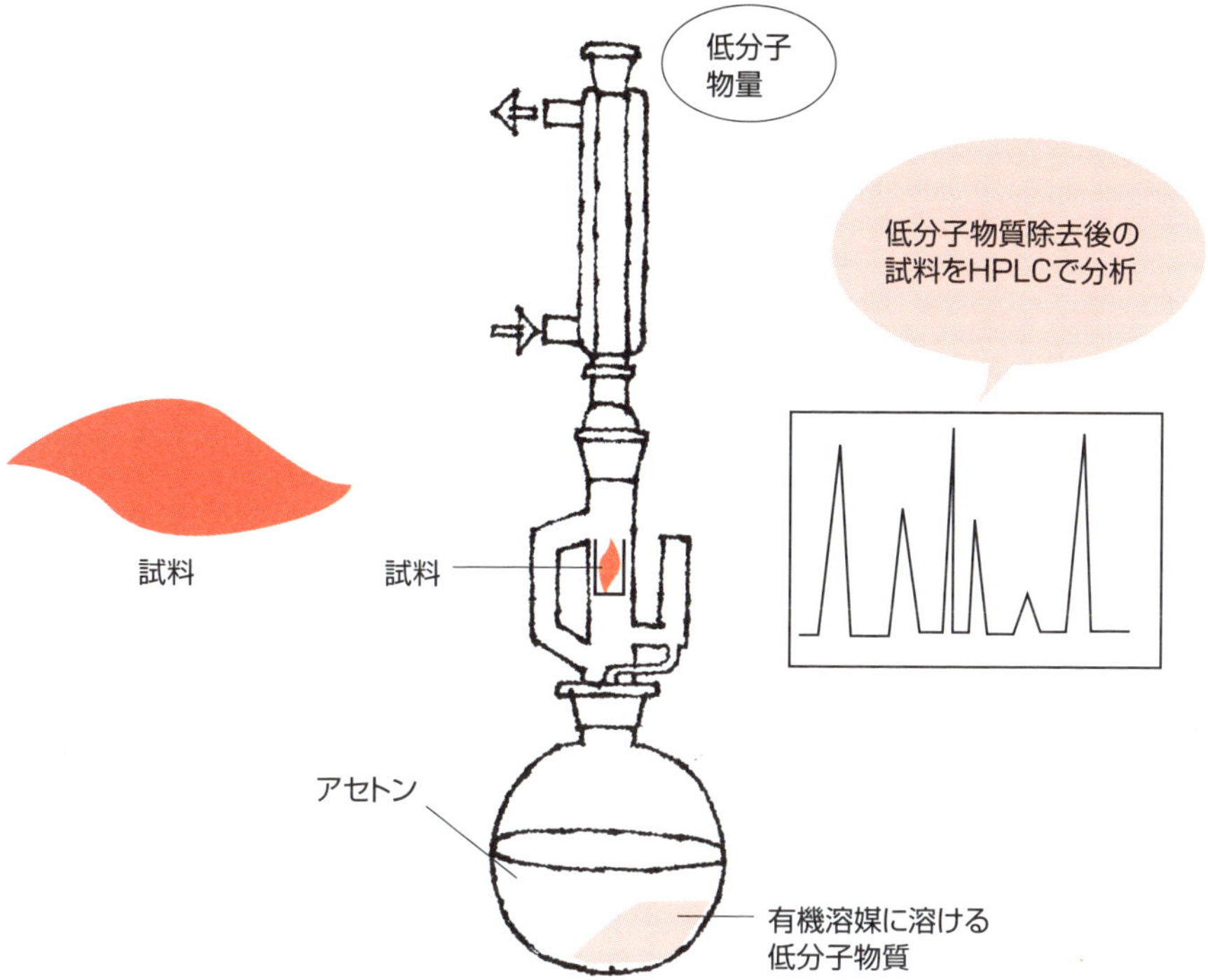
低分子
物量
低分子物質除去後の
試料をHPLCで分析
試料
試料
アセトン
有機溶媒に溶ける
低分子物質

セルロースの純度を
調べるのは
手間がかかるんじゃよ

用語解説

ソックスレー抽出：固体から有機溶媒に溶ける成分を抽出する方法で、多用されている。固体と有機溶媒を容器に入れて加熱すると、有機溶媒と有機溶媒に溶けた成分は蒸発し、上部の冷却管で冷やされ、再び円筒ろ紙に入る。有機溶媒に溶けない成分は円筒ろ紙にたまり、有機溶媒は容器に戻る

36 セルロースの結晶化度と結晶構造

結晶化度が高いナノセルロースは強度も高い

セルロースはグルコースがβ-1，4グリコシド結合で500から1万個つながった多糖で、自然界ではこれが束になって存在しています。この束がしっかりと固まっている場所と、束がほぐれている場所があります。このうち固まっている場所を結晶領域、ほぐれている場所を非晶領域（アモルファス領域）と呼んでいます。

セルロースのうち結晶領域の割合を結晶化度と言い、木材パルプで50～60％、バクテリアセルロースや綿で75％程度、海産動物の一種であるホヤのセルロースでは90％以上です。結晶化度は従来X線回折装置（XRD）で測定されてきましたが、固体13C-NMR（核磁気共鳴分析）を用いる方法も使われています。

ナノセルロースが持つ高強度という性質は、結晶領域によるものです。したがって一般的に、結晶化度の高いセルロース繊維から作られたナノセルロースの方が、強度の点では優れていると言えるでしょう。またセルロースナノクリスタル（CNC）はセルロース繊維の非晶領域を酸などで加水分解し、結晶領域だけを残したものであるため、結晶化度の低い原料から製造した場合は収率が低くなります。

ところで、セルロースの結晶構造はⅠ型とⅡ型に分けられます。Ⅰ型は天然由来のセルロースが持つ構造で、隣り合う分子鎖の還元末端の向きが異なる逆平行鎖構造です。Ⅱ型はセルロースを加熱して溶解した後、再生した結晶が持つ構造で、セルロース分子鎖の還元末端の向きが結晶中ですべて同じ平行鎖構造で、熱力学的にはこちらの方が安定です。

結晶構造の測定にはX線回折装置（XRD）が使われます。ナノセルロースの結晶構造を調べることにより、そのナノセルロースが人工的に作られたものか、天然のセルロースから作られたものかを判断できます。

要点BOX

- 結晶領域の占める割合を結晶化度と言う
- 結晶構造には数種類あり、天然由来のセルロースはI型

結晶·非晶分布

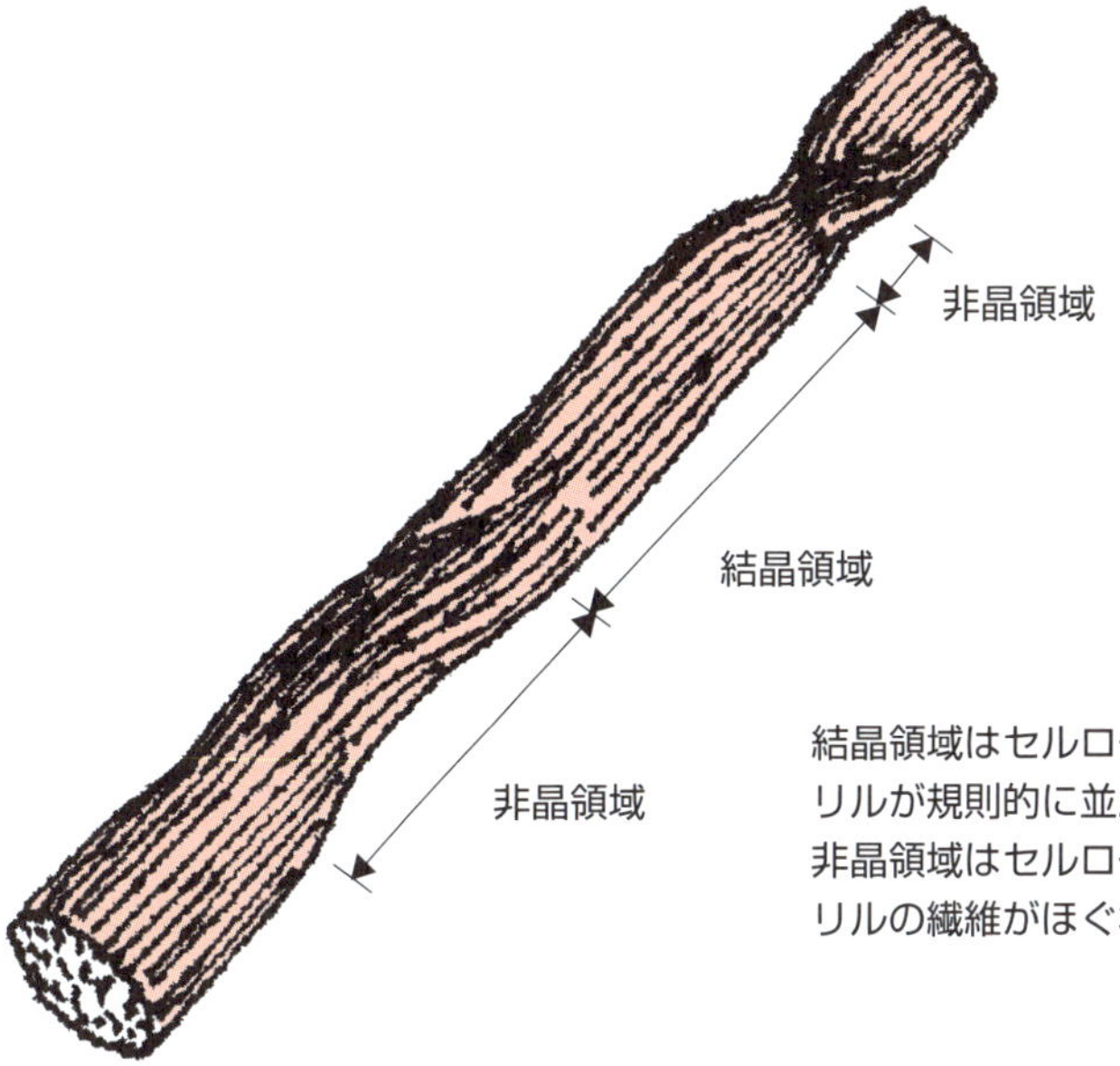

結晶領域はセルロースミクロフィブリルが規則的に並んでいる
非晶領域はセルロースミクロフィブリルの繊維がほぐれている

セルロース結晶Ⅰ型とⅡ型

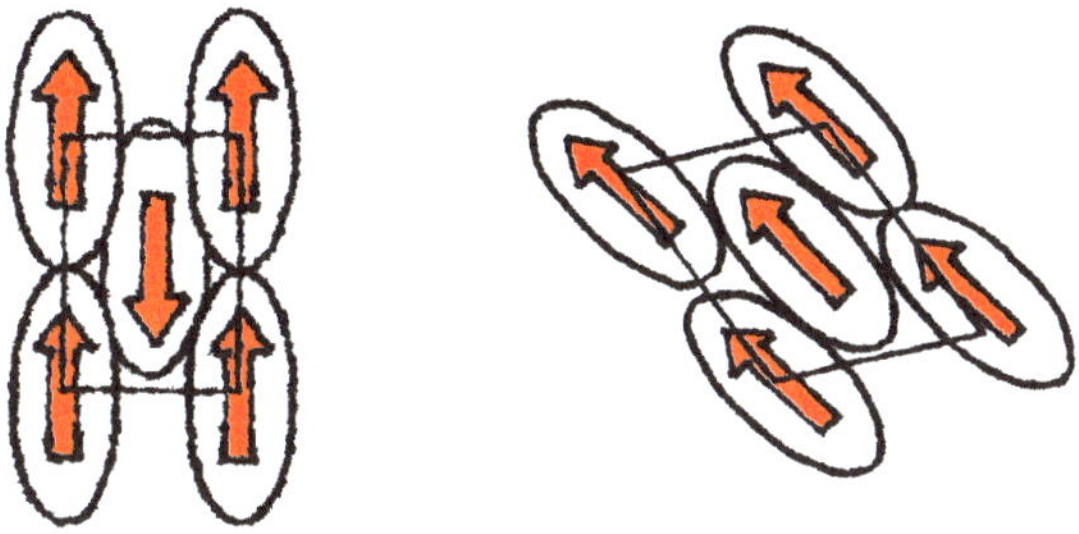

セルロースⅠ型　　セルロースⅡ型

用語解説

X 線回折法：結晶格子に X 線を照射すると、結晶構造を反映した方向に回折される。この現象を利用して結晶構造を調べる方法（X-ray diffraction、XRD）
再生セルロース：セルロースまたはその誘導体をいったん溶かした後に、凝固させることで作られるセルロース繊維。紡糸すると再生繊維となる。レーヨン、キュプラなどは再生セルロース繊維の代表例。結晶構造はⅡ型

Column

ナノセルロースのその他の性質

ここでは、ナノセルロースの他の性質についてまとめて説明します。ナノセルロースは水には溶けません。ナノセルロースの溶液が透明に見えるのは、可視光線より短いことで光を散乱しないため透明に見えるだけで、溶けているわけではありません。また、主な有機溶媒にも溶けません。

次に、電気は通しません。これを絶縁性と言います。絶縁性は電気抵抗率で表しますが、主にセルロースからできている紙の電気抵抗率は10^4～10^{10}Ωmと言われています。

一方で、ナノセルロースは燃えます。これは木や紙が燃えるのと同じことです。それでは耐熱性はどうかと言うと、これが少々難しいです。ナノセルロースを熱天秤という装置に入れ、温度を上昇させながら質量の変化を測定することで、何℃で分解したか調べる方法があります。

セルロースナノファイバーは２７０℃を超えると分解が始まる一方で、セルロースナノクリスタルは２００℃を超えた付近から分解が始まります。製造条件によっても異なりますが、耐熱温度はだいたい２００～２５０℃程度と考えてよいと思います。

またナノセルロースは、どちらかと言えば熱を伝えにくい性質を持っています。熱の伝わりやすさは熱伝導率で表しますが、セルロースナノファイバーは２・８Ｗ／ｍ・Ｋという値が報告されています。これは鋼材の53より小さく、コンクリートの１・５、ガラスの１よりは高いということになります。最後にナノセルロースの比重は１・５～１・６で、水に入れたら沈みます。

第4章

広がる用途

37 プラスチックへの添加

高強度・軽量複合材料を作るのが目的

ナノセルロースの軽量で高強度という特性を活かし、プラスチックへ添加することで、高強度・軽量複合材料を作る研究が進められています。

プラスチックとは合成樹脂のうち、加熱すると柔らかくなる性質のある熱可塑性樹脂のことです。私たちの身の回りではさまざまな種類のプラスチックが使われていますが、ポリ塩化ビニル、ポリスチレン、ポリプロピレン、ポリエチレンの4種類でプラスチック全体の生産量の60%以上を占めています。この4種類のプラスチックにナノセルロースを混ぜる研究は、フィルム化の研究も含めて世界各国で進められています。

プラスチックにナノセルロースを添加するとき問題になるのは、疎水性（親油性）のプラスチックと親水性のナノセルロースはそのままでは均一に混ざらないということです。これを解決するために、ナノセルロースの表面を改質して疎水性を付与する、ナノセルロースの原料となる木材パルプを疎水化してから、ナノセルロースを作る、相溶化剤を入れる、特殊な方法で両親媒性（疎水性と親水性の両方の性質を持つこと）のナノセルロースを作る、ナノセルロースの表面に疎水性のリグニンを残す、などさまざまな方法が検討されています。またナノセルロースも原料と製法によって性質が異なるため、プラスチックと混ぜる条件も違ってきます。

プラスチックとナノセルロースが均一に添加できたとして、目的とする性能が得られない場合も少なくありません。例えば材料の強度向上を目的にナノセルロースを添加したものの、強度がわずかしか向上しなかったという話をよく耳にします。ナノセルロースの改質はもちろんのこと、プラスチックへの添加量、添加方法とそれに伴うコストに対して、得られる性能が見合うものかについても検討する必要があります。

要点BOX

- 疎水性のプラスチックに、親水性のナノセルロースをいかに混ぜるかがポイント
- 全生産量の60%を占める主要4種で研究が進む

水と油の混合と類似

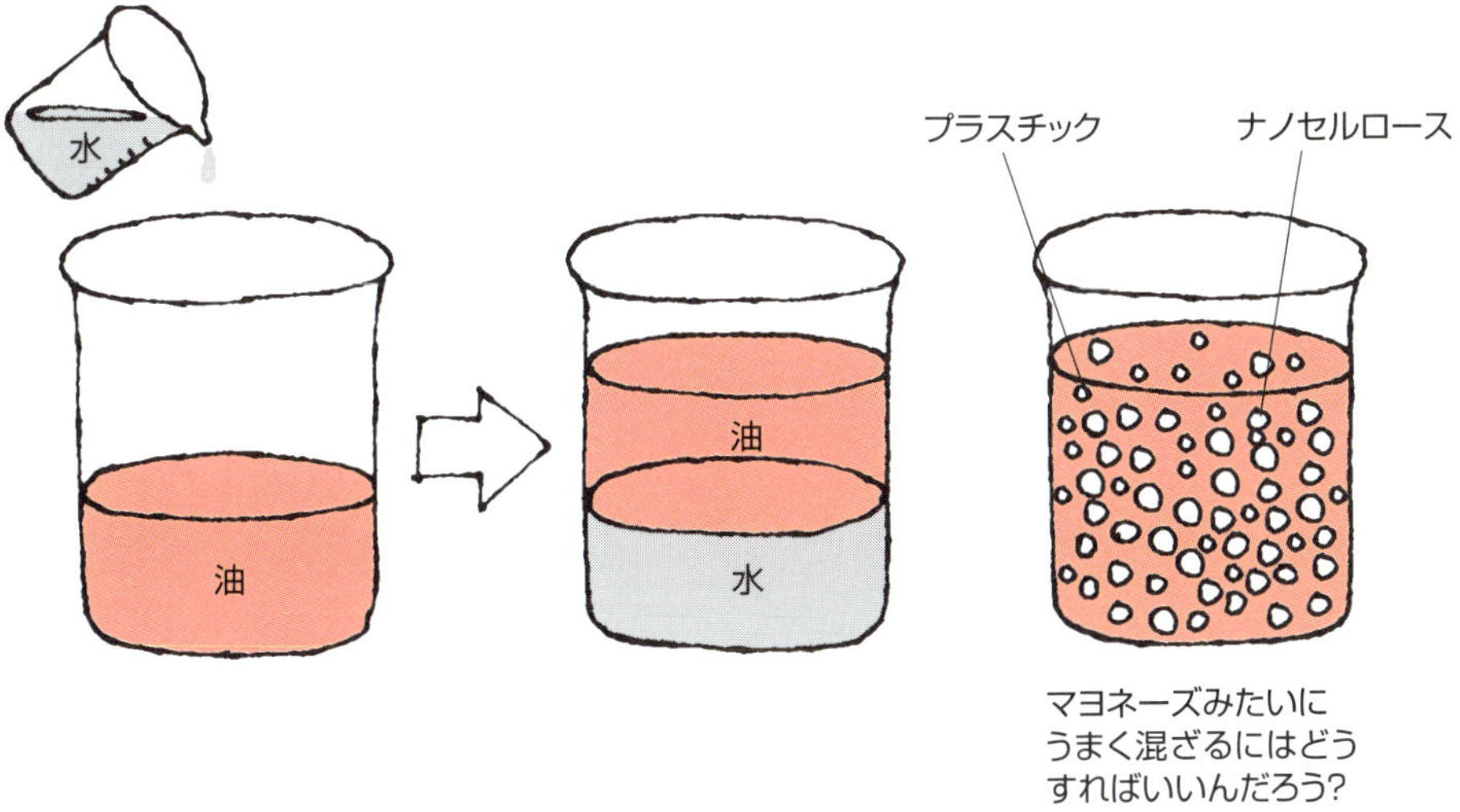
水
油
油
水
プラスチック
ナノセルロース
マヨネーズみたいに
うまく混ざるにはどう
すればいいんだろう?

せっかくうまく混ざっても
コストが合わなかったり、
狙いの性能が得られなかったり
することもあるんじゃ…
道は険しいのう…

用語解説

合成樹脂：主に石油を原料として製造される高分子化合物。成形が比較的容易なため大量生産され、さまざまな目的に使われる。加熱すると柔らかくなる熱可塑性樹脂と、加熱すると硬くなる熱硬化性樹脂に分けられる

プラスチック：主に石油を原料とし、加温した状態で流動性を示し、所定の形に成形できる有機高分子物質のうち天然・合成樹脂の総称。ポリカーボネートやポリアセタール樹脂は一般のプラスチックに比べて丈夫で、耐熱性や耐久性に優れる

38 高密度ポリエチレンの補強

廉価な輸入品に機能で勝負！

ポリエチレン（PE）は、プラスチックの中で最も価格が安く、酸やアルカリ、アルコール、油に対して耐性があるという特徴を持っています。また射出成形や押出成形、ブロー成形といったさまざまなプラスチック加工に対応できるため、産業界で広く用いられています。

PEは、低密度ポリエチレン（LDPE）と高密度ポリエチレン（HDPE）の2種類に分けることができます。LDPEは柔らかく、包装材（袋、ラップフィルム）や農業用フィルム、電線の被覆などに用いられるのに対し、HDPEはシャンプー・洗剤などの容器、バケツ、灯油タンク、コンテナなどに用いられることが多いようです。ここでは、セルロースナノファイバー（CNF）を使ってHDPEを補強した例を紹介します。

PEは疎水性が強いため、親水性のCNFを均一に分散させることは困難と言われています。そこで、CNFの原料であるパルプの表面を変性剤により疎水化した後、変性パルプから機械的な方法でCNFを製造しました。このCNFをHDPEに重量比で10％添加して複合材料を作ったところ、弾性率が4・5倍、引張強さが2・4倍に向上したとのことです。

HDPEは、前述した一般製品のほかにも、引張強さや衝撃強さに優れる強みを活かし、社会インフラとしても活躍しています。例えば、冷暖房や給湯などを賄う地中熱ヒートポンプシステムの配管や、下水道のマンホールに炭素繊維などで補強した高密度HDPEを貼り込むなどで利用されています。CNFとの混合でさらに強度を上げることができれば、これらの代替となり機能強化されることになります。今、国内ではアジア新興国から安い輸入品が流入しています。高機能PEの生産は、こうした製品との差別化にもつながります。

要点BOX
- ●パルプ表面を疎水化した後、CNFを製造して高密度ポリエチレンの補強に使用
- ●弾性率4.5倍、引張強さ2.4倍を実現

ポリエチレン製品のいろいろ

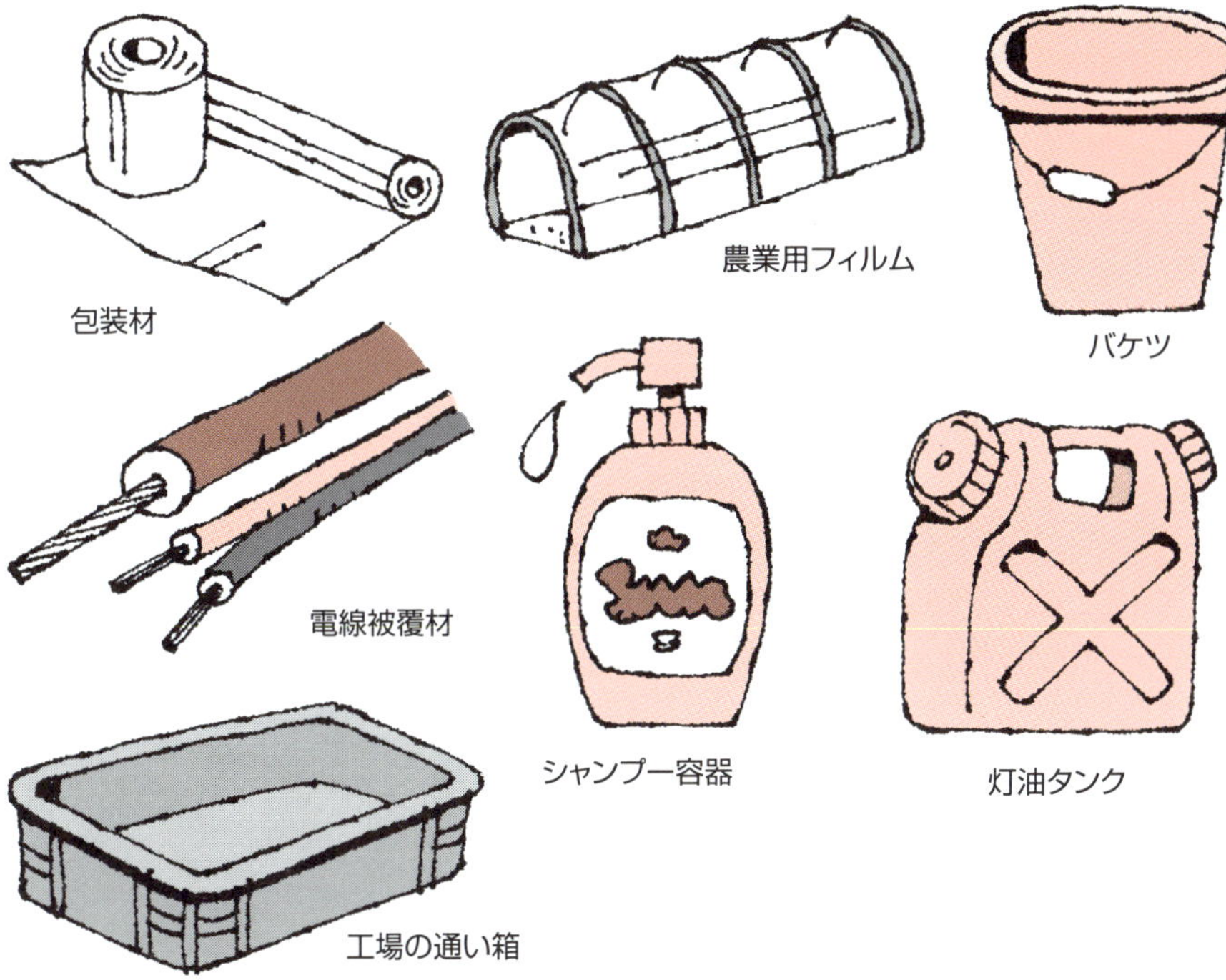

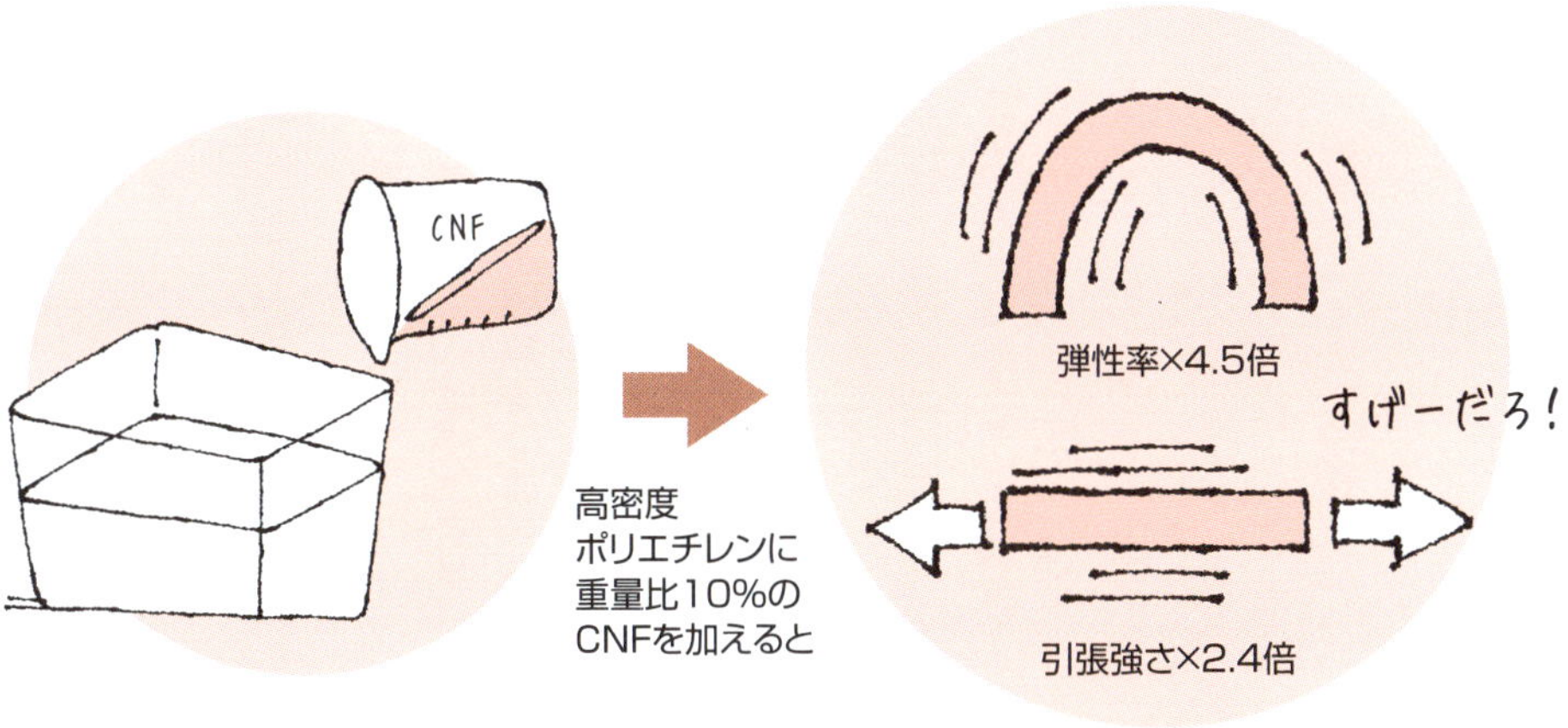

用語解説

高密度ポリエチレン：高密度ポリエチレン（HDPE:High Density Polyethylene）は熱可塑性樹脂の１つで、繰り返し単位のエチレンがほとんど分岐せず、直鎖状に結合したもの。比重は 0.92 ～ 0.96 で、熱変形温度は130℃以下

39 フェノール樹脂の補強

マグネシウム合金と同等の曲げ強さを発揮

フェノール樹脂は燃えにくく、電気絶縁性、耐酸性、耐熱性、耐水性に優れるという特徴があります。それを活かして電気機器やプリント配線基板、配電盤のブレーカー、鍋・やかんの取っ手などに広く使われています。

フェノール樹脂は単独で使われる場合もありますが、木粉、綿ブロック、アスベスト、グラスファイバーなどさまざまな種類の充填材（フィラー）と混ぜることで、目的とする性能を高めることができます。一方でフェノール樹脂がフィラーとして使われることもあり、例えば紙にフェノール樹脂を含浸させたものが化粧板の構造材料やプリント基板として用いられています。

ここでは、フェノール樹脂のフィラーとしてミクロフィブリル化セルロース（ＭＦＣ）を使った例を紹介します。

ＭＦＣはセルロース繊維をミクロからナノレベルまで解繊したもので、クモの巣状の構造をしています。ＭＦＣをシート化し、そこへフェノール樹脂を重量で10～20％加えてＭＦＣの繊維の隙間を埋め、熱と圧力を加えて成形すると、強度の高い成形物を得ることができます。

フェノール樹脂の曲げ強さは62～89ＭＰａですが、この成形物の曲げ強さは４００ＭＰａとなり、炭素鋼（ＳＳ４００）やマグネシウム合金（ＡＺ９１）とほぼ同じレベルであることがわかりました。

マグネシウム合金は軽量・高強度のため、自転車のフレームや杖などの福祉機器、ノートパソコン・タブレットの外装に使用されています。フェノール樹脂とナノセルロースの複合材料は比重がさらに小さいことから、将来的にはその物性の改良や製造コストの改善により、これらの用途を代替する可能性を秘めています。

要点BOX
- ●シート化したミクロフィブリル化セルロースにフェノール樹脂を含浸
- ●MFCの繊維の隙間に充填

フェノール樹脂／MFC複合成形材料の特性

	曲げ強さ（MPa）	曲げヤング率（GPa）	比重
フェノール樹脂+10〜20%MFC	400	17.5	
フェノール樹脂	62〜89	5	1.2〜1.3
炭素鋼（SS400）	400	210	7.8
マグネシウム合金（AZ91）	425	45	1.83

ミクロフィブリル化繊維成形材料と他材料の強度特性比較

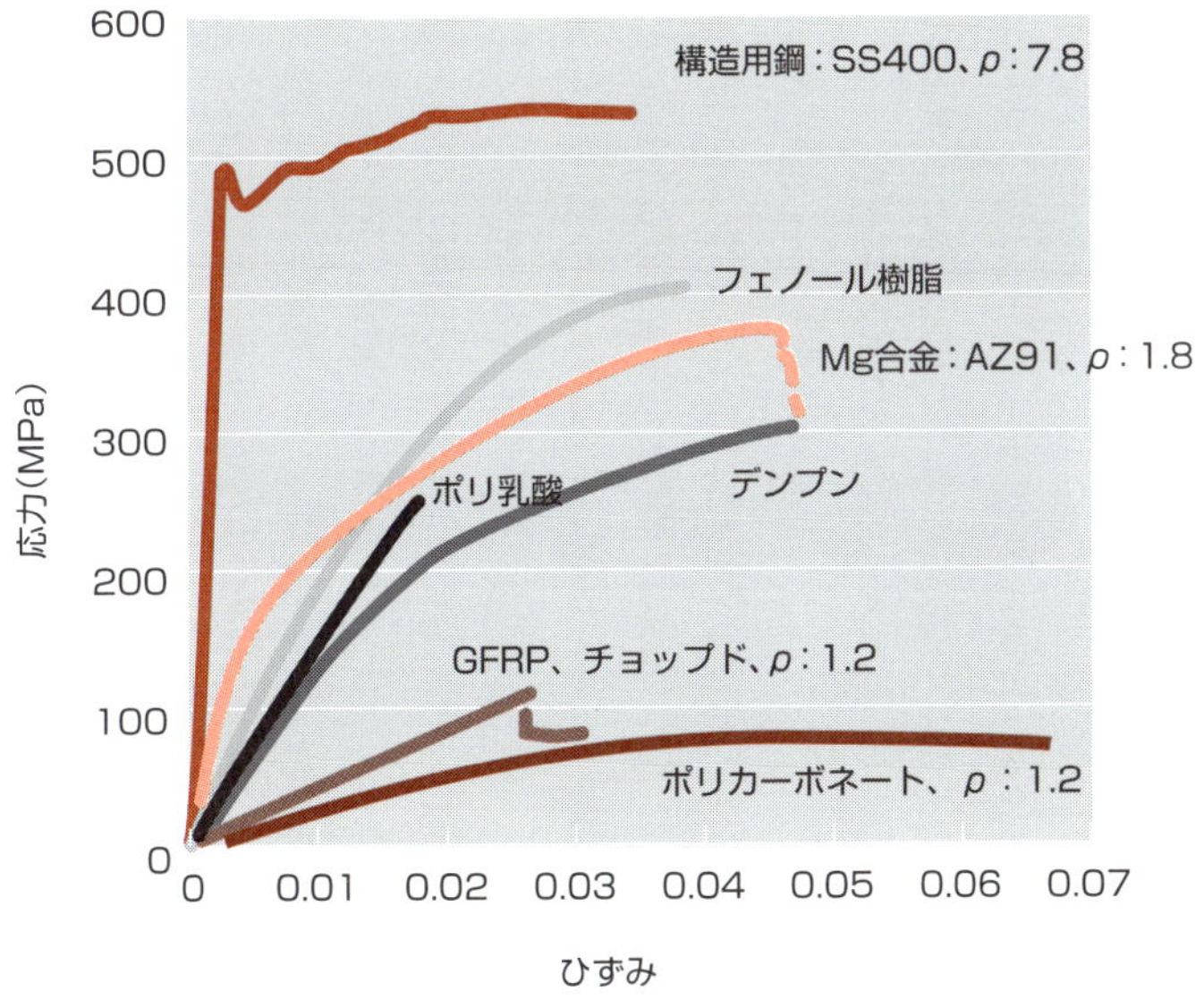

用語解説

フェノール樹脂：フェノールとホルムアルデヒドを原料として作られる熱硬化性樹脂で、3次元的な網目構造を持つ。強度が高く、難燃性、電気絶縁性、耐酸性、耐熱性、耐水性に優れる

40 ゴムへの添加

一石二鳥以上のいいとこ取り

ゴムへのセルロースナノファイバー（ＣＮＦ）の添加は、天然ゴムや合成ゴムのラテックスにＣＮＦの水分散液を加え、ゴムの油滴とＣＮＦをよく混ぜ、それをギ酸などで凝固させて行います。その乾燥品に硫黄やカーボンブラック、老化防止剤などを加え、加熱しながら練ると、不飽和の二重結合を有するゴムが硫黄により架橋して３次元ネットワークを形成し、伸縮性が生まれます。

ゴム１００に対してカーボンブラックを50加えた通常のタイヤ用ゴムに20wt％のＣＮＦを添加すると、密度が１・11ｇ／㎤から０・99ｇ／㎤へと下がる一方で、切断時伸びは３４０％で、伸びても切れにくいという性質を保ちながら、弾性率は33ＭＰａと通常のゴムの４～５倍まで増大することがわかりました。

さらに二重結合を有する不飽和脂肪酸をＣＮＦの表面に導入すると、ＣＮＦも硫黄を介してゴム成分との間で架橋を形成し、イソプレンでできている天然ゴムに重量比で３％の化学変性ＣＮＦ（オレイン酸を表面に導入したＣＮＦ）を添加・加硫した場合では、破断ひずみは加硫処理した天然ゴムと変わらないまま、弾性率が天然ゴムの１・７ＭＰａから12・７ＭＰａまで８倍増加します。二重結合のないステアリン酸を導入した場合は９・６ＭＰａであることから、ＣＮＦとゴムの間にも化学的な結合が形成されたことがわかります。

また線熱膨張係数も大きく低下し、化学変性ＣＮＦを５％添加した場合は18ｐｐｍ／Ｋまで低下しました。このような伸縮しながらも低熱膨張という相反する特性の両立は、低熱膨張性が求められる電子部品への応用が考えられています。また自動車のバンパーやフェンダーなど、大きな温度変化に曝される大型部材へのゴム材料の適用についても期待できます。

要点BOX

- ゴムに添加することで伸縮性を保ったまま弾性率を増加させ、熱膨張を減少させる
- 自動車部品への採用に期待

CNFを加えたゴムの応力ーひずみ曲線

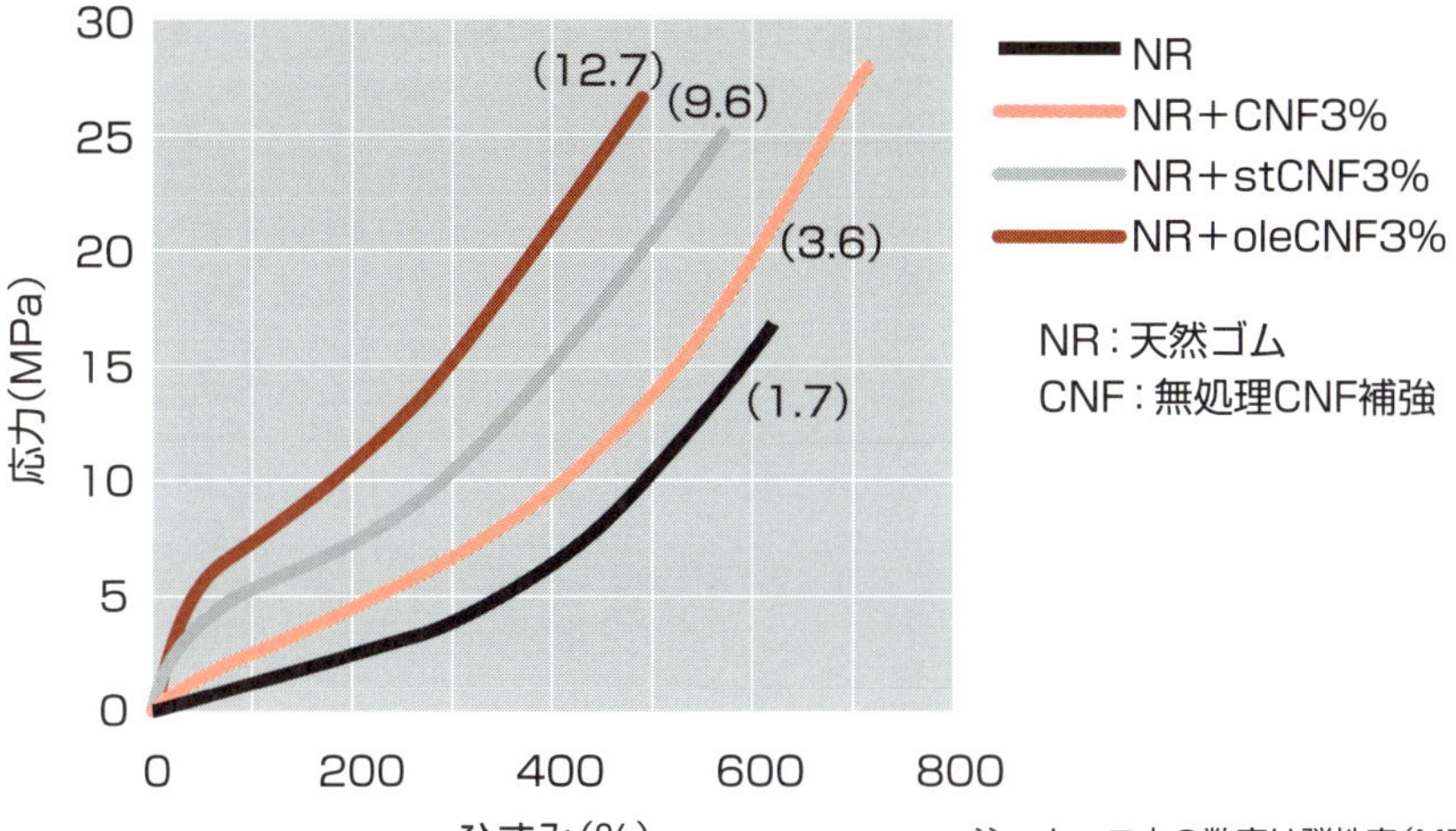

注：カッコ内の数字は弾性率(MPa)

用語解説

切断時伸び：ゴム材料を破断するまで引っ張ったときの、元の長さに対する伸びた長さの比。例えば 10cm のゴム材料を 30cm まで引っ張ったときに切れた場合、切断時伸びは 200%となる

弾性率：応力をひずみで割った値。ゴム材料の場合、通常はゴムを引っ張ったときの力（応力）と伸び（ひずみ）関係から求められ、ヤング率と呼ばれる。弾性率が高いと応力をかけてもひずみが生じにくく、変形しにくい

41 強度と白色度を高める製紙用添加剤

急激に伸びる需要増に追従する技術

紙はセルロース繊維から成るパルプから作られますが、パルプ以外にさまざまな添加剤が加えられています。ナノセルロースもその保水性や保形性、粘性、付着性などの特性を活かし、製紙用添加剤としての用途検討が行われています。ここでは、ナノセルロースが製紙用添加剤としてどのように用いられるかについて説明します。

印刷用紙は、白さや不透明性の向上、表面の平滑性、柔軟性などの改善のために、クレーやタルク、炭酸カルシウムなどの無機粉体を填料として使いますが、ナノセルロースを添加することで、填料の歩留りを向上する効果があることが知られています。抄紙機という装置で紙を脱水する際、サイズの小さい填料の一部は網から流れ出てしまいます。ナノセルロースを添加することにより、填料のロスを少なくするための歩留り向上剤として使用できるのです。

ところで紙はセルロース繊維同士の結合でできていますが、これだけでは紙の強度が不足する場合があります。そこで、紙力増強剤と呼ばれる接着剤を添加し、紙の強度を高くしています。紙力増強剤は、乾燥状態の紙力を増強させるための乾燥紙力増強剤と、紙が濡れたときに紙力を維持するための湿潤紙力増強剤に分けられます。乾燥紙力増強剤としては変性でんぷん、ポリアクリルアミド、ポリビニルアルコールが使われていますが、ナノセルロースは乾燥状態で紙力増強効果があります。

近年、ネット通販の増加により、段ボールの需要が増加しています。段ボールの強度向上と軽量化のニーズに対して、ナノセルロースを紙力増強剤として用いるための検討が進められています。特に鉱物を加えて機械的に解繊して得られるナノセルロースは、紙力増強効果以外に、白色化や印刷性能の改善効果もあるため、包装材料向けに需要が伸びることが期待されているのです。

要点BOX
- ●填料の歩留り向上剤としての利用
- ●紙力増強剤としての利用
- ●乾燥状態で効果を発揮

抄紙機による歩留り向上

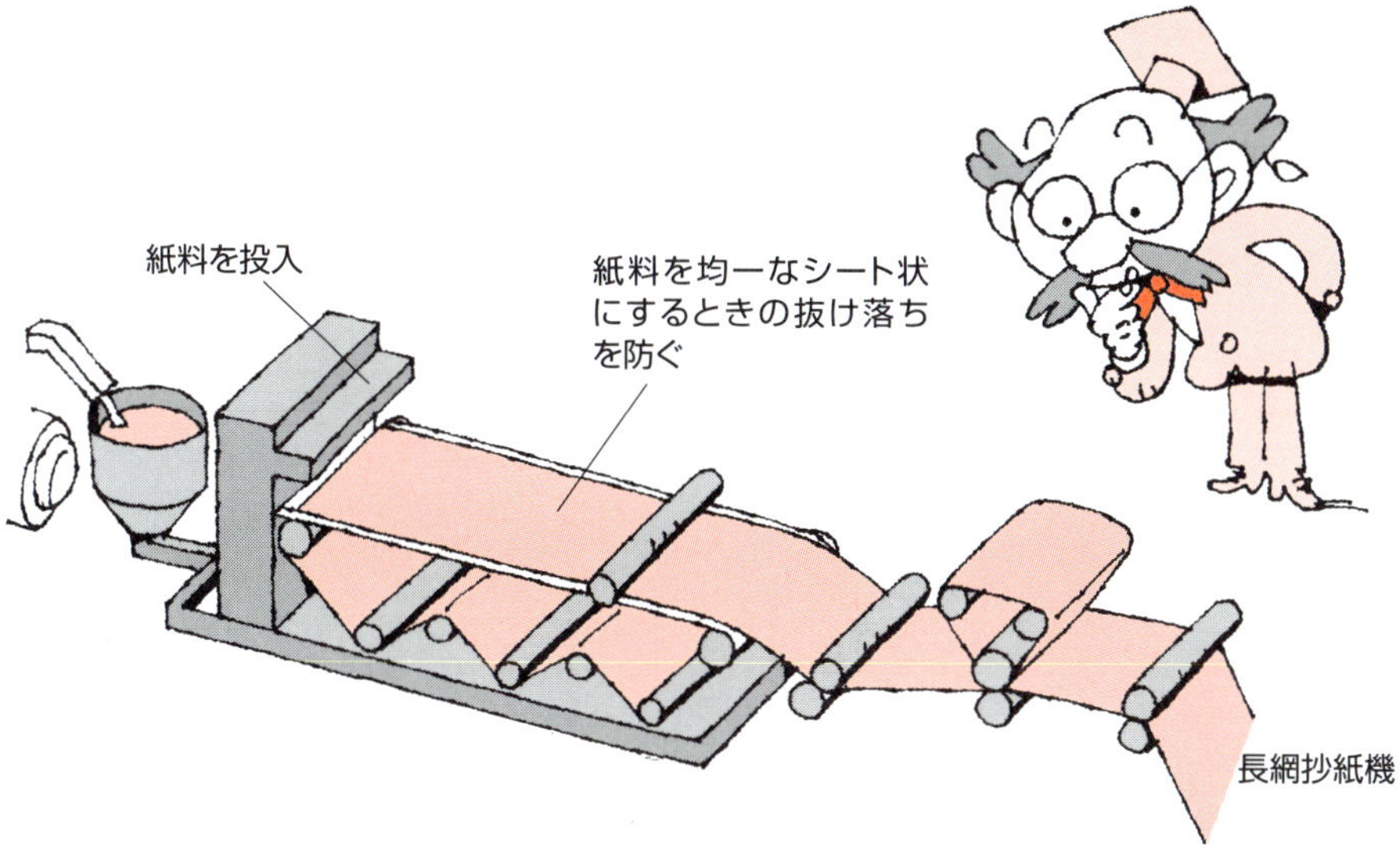
紙料を投入
紙料を均一なシート状にするときの抜け落ちを防ぐ
長網抄紙機

ナノセルロースは
乾燥した状態で
紙力増強効果がある!

用語解説

填料（てんりょう）：紙、プラスチック、合成ゴムなどに新たな機能を与えるために添加する白色不透明の無機材料。フィラー（Filler）とも言う

42 印刷性能の改善

見やすさの向上とインキの節約に貢献

樹脂を使ったパッケージングの年間使用量は世界で2000万トンと言われ、私たちの身近なところで使われています。例えば、プラスチック製の段ボールもよく見かけるようになりました。こうしたプラスチックの表面に印刷する際は通常、油性インキが使用されていますが、有機溶媒を使用する油性インキは環境保全の観点から使用が避けられる傾向にあります。

プラスチックフィルムの上に、セルロースナノクリスタル（CNC）とバインダーを塗布し、コロナ放電することで、CNCをコーティングすることができます。

親水性があり、比表面積の大きいCNCをコーティングすることにより、水性インキを使用した際の印刷性能が大きく改善されることがわかりました。他のポリマーバインダーと比べても価格競争力があるとのことで、実用化に向けた検討がすでに始まっています。

一方、紙の製造工程で、紙に各種薬品を塗ることで、紙の特性を変えることが一般的に行われています。

サイズ剤はインキのにじみや裏移りの防止を目的に、さまざまな紙に使われています。このサイズ剤にTEMPO酸化セルロースナノファイバー（TOCNF）を10％添加して0・5g／㎡程度塗布したところ、紙の表面が平滑になったほか、印刷時のインキの着肉性が向上し、また裏抜けを改善することができました。

このほか、TOCNFを紙に塗布することで、紙の耐油性が向上することもわかっています。耐油性が高くなると、油性インキを使用して印刷した際の浸透が抑制され、インキの着肉性や裏抜けが改善され、印刷物の読みやすさやインキの節約につながることが期待されています。

要点BOX

- ●プラスチックフィルムの上にCNCをコーティングして印刷性能を改善
- ●紙のサイズ剤にCNFを添加して改善

CNCのコーティングによる効果

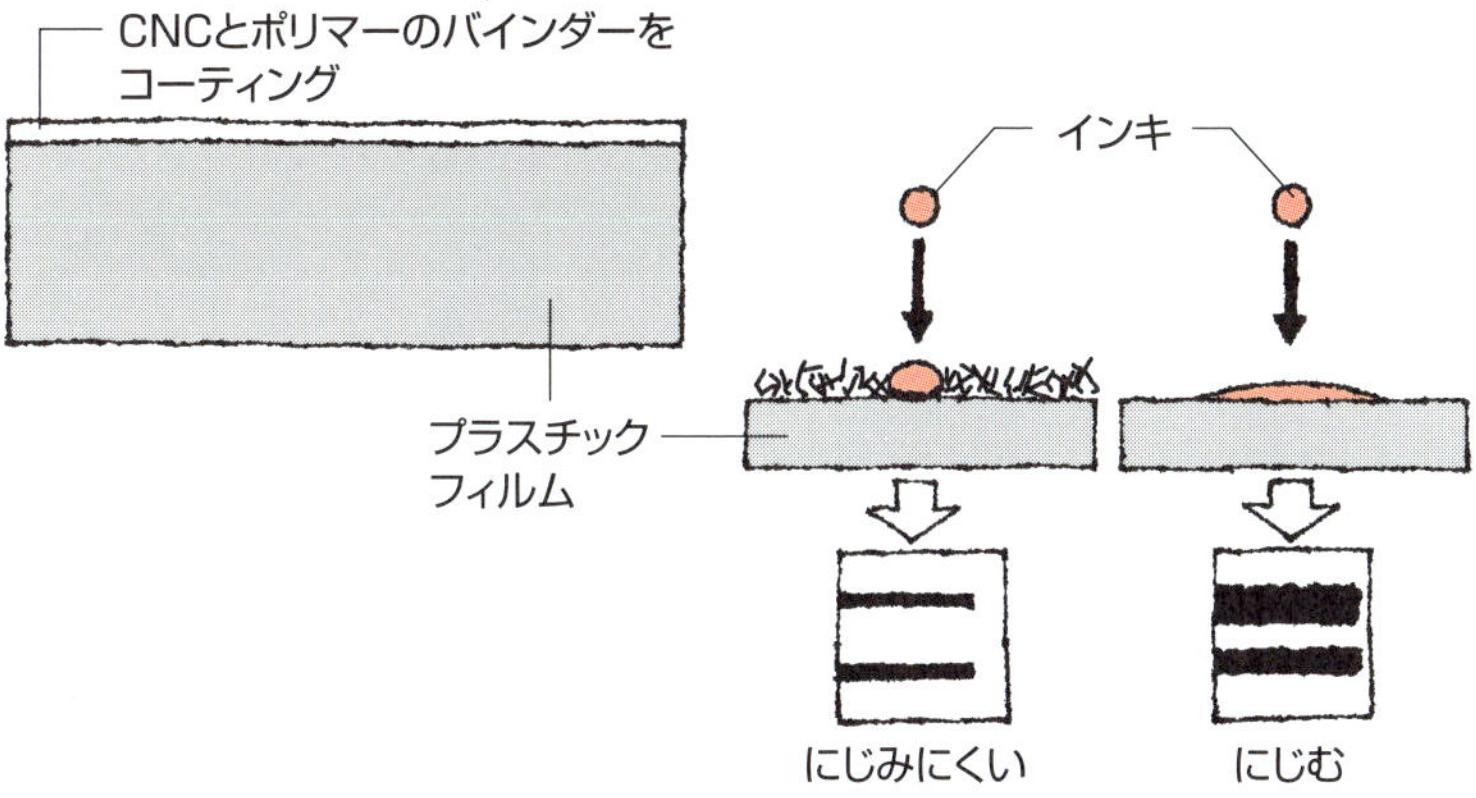

TOCNF添加による紙の特性の改善

CNF塗工による紙の表面平滑性の付与

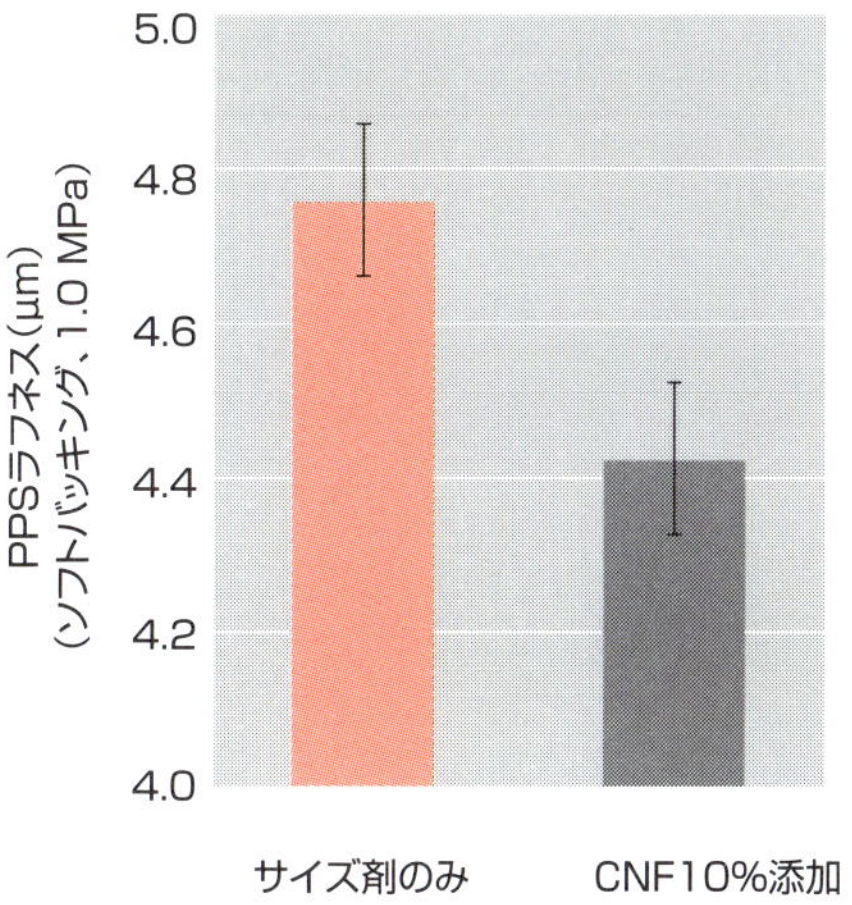

CNF塗工による紙の印刷適性の向上

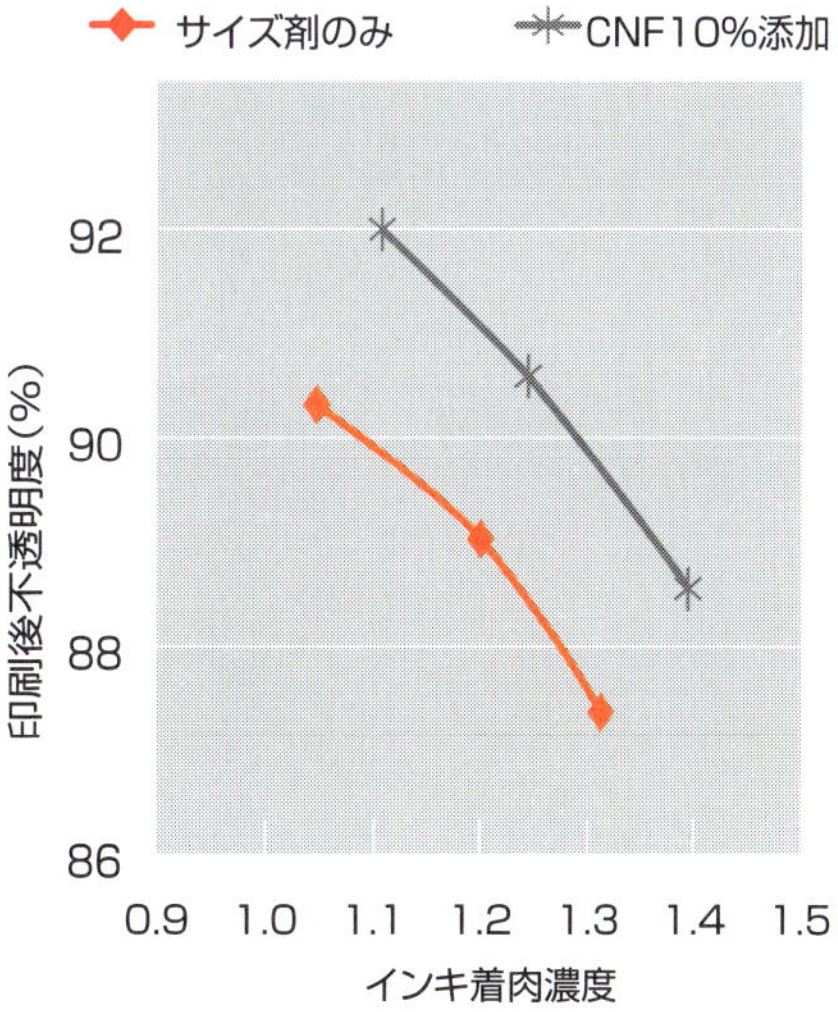

用語解説

サイズ剤：紙に塗布することで水の浸透性の調節、インキのにじみや裏移りの防止、耐水性の向上など紙の性質を変える薬品。サイズ剤を塗布する工程をサイズプレス工程と呼ぶ

43 スピーカー・ヘッドフォンの振動板

素材＋ナノセルロースの組合せ相性に注目

振動板とは電気信号と音波を相互に変換する装置のことです。スピーカーやヘッドフォンの場合は、電気信号を音波に変えて空中に放射していますが、マイクロホンの場合は逆に空中の音波を拾って電気信号に変えています。

スピーカーの振動板は、軽量で、剛性が高く、適度な内部損失を持つ材料が理想とされています。剛性が高いというのは、物体に曲げ・ねじりの力を加えたとき、寸法変化が起こりにくいことを表しています。また適度な内部損失とは、いったん振動した後にいつまでも共振し続けるのではなく、適当なところで振動が収まるということです。

振動板の材料としては、紙、樹脂、金属や、樹脂にカーボンナノチューブを混ぜたものなど、多種多様なものが開発されています。最近になって、振動板の材料にセルロースナノファイバー（ＣＮＦ）を使ったスピーカーとヘッドフォンが相次いで発売されました。いずれも具体的にどのような素材を、どのような配合で用いているかは公表されていませんが、さまざまな素材を配合することにより、剛性や内部損失などの各種条件を最適化することで、低音域から高音域まで幅広い領域をカバーする優れた再生能力を持つとのことです。

ＣＮＦには軽量・高強度をはじめとするさまざまな特性があります。スピーカーやヘッドフォンの振動板の場合は、単に紙力増強剤として紙や樹脂の剛性を向上させただけではなく、他の素材との組合せにより、優れた特性を持つ振動板が開発されていると考えるべきでしょう。

最近では、ハイレゾリューションと呼ばれる高音質な音源を再生するニーズが高まってきています。このようなオーディオ分野における新製品・用途開発に、他の産業分野が応用できるヒントは決して少なくないはずです。

要点BOX

- スピーカー・ヘッドフォンの振動板にCNFを添加することで音質を改善
- 剛性や内部損失などの条件を多方面から検証

CNFを使ったスピーカー

オンキヨー2ウェイ・スピーカーシステム「SC-3(B)」

SC-3

出所:オンキヨーパイオニアマーケティングジャパン

ナノレベルの
違いがわかるんだな…
うっとり

44 MDFの接着剤

同じ性能で環境にやさしく

ＭＤＦ（medium density fiberboard）は木質繊維に接着剤を加え、板状に熱圧成形して作られる軽量ファイバーボードの一種で、中密度繊維板と呼ばれています。接着剤としてはユリア樹脂（尿素樹脂）系接着剤、メラミン・ユリア樹脂系接着剤、水性高分子・イソシアネート系接着剤などの合成系接着剤が主に用いられ、耐水性や防蟻性を持たせている場合もあります。

一般的に強度は小さいため、家具や住宅設備機器の扉、側板、背板や、３段ボックスやスピーカーのキャビネットなどに広く用いられています。このＭＤＦの接着と補強に、リグノセルロースナノファイバー（ＬＣＮＦ）を使う例について紹介します。

ＬＣＮＦは、木材の成分の１つであるリグニンがセルロースの表面に存在するセルロースナノファイバーです。物理的な方法で木材を破砕して作られたサーモメカニカルパルプを原料とし、物理的な解繊で作られる場合と、ＣＮＦにリグニンをコーティングして作る場合とがあります。

前者の製法の場合は、ＬＣＮＦにもパルプと同じ比率のリグニンが含まれています。これを重量比で15～25％木粉に添加して室温で油圧プレスした後に、さらに１８０～２２０℃でプレスしてＭＤＦを製造します。通常加えている接着剤は使用しません。その結果、市販のＭＤＦとほぼ同じ性能のＭＤＦを製造することができました。

ユリア樹脂系接着剤、メラミン・ユリア樹脂系接着剤には有害なホルムアルデヒドが含まれており、使用中にホルムアルデヒドが放散し続けます。ホルムアルデヒドの放散量を少なくする方法も検討されていますが、ＬＣＮＦを接着剤として用いることでホルムアルデヒドの放散はなくなり、合成樹脂を再生可能資源として代替することができます。

要点BOX
- ●リグノセルロースナノファイバーをMDFの接着剤として使用
- ●ホルムアルデヒドの放散と樹脂使用量を減らす

MDFの製法

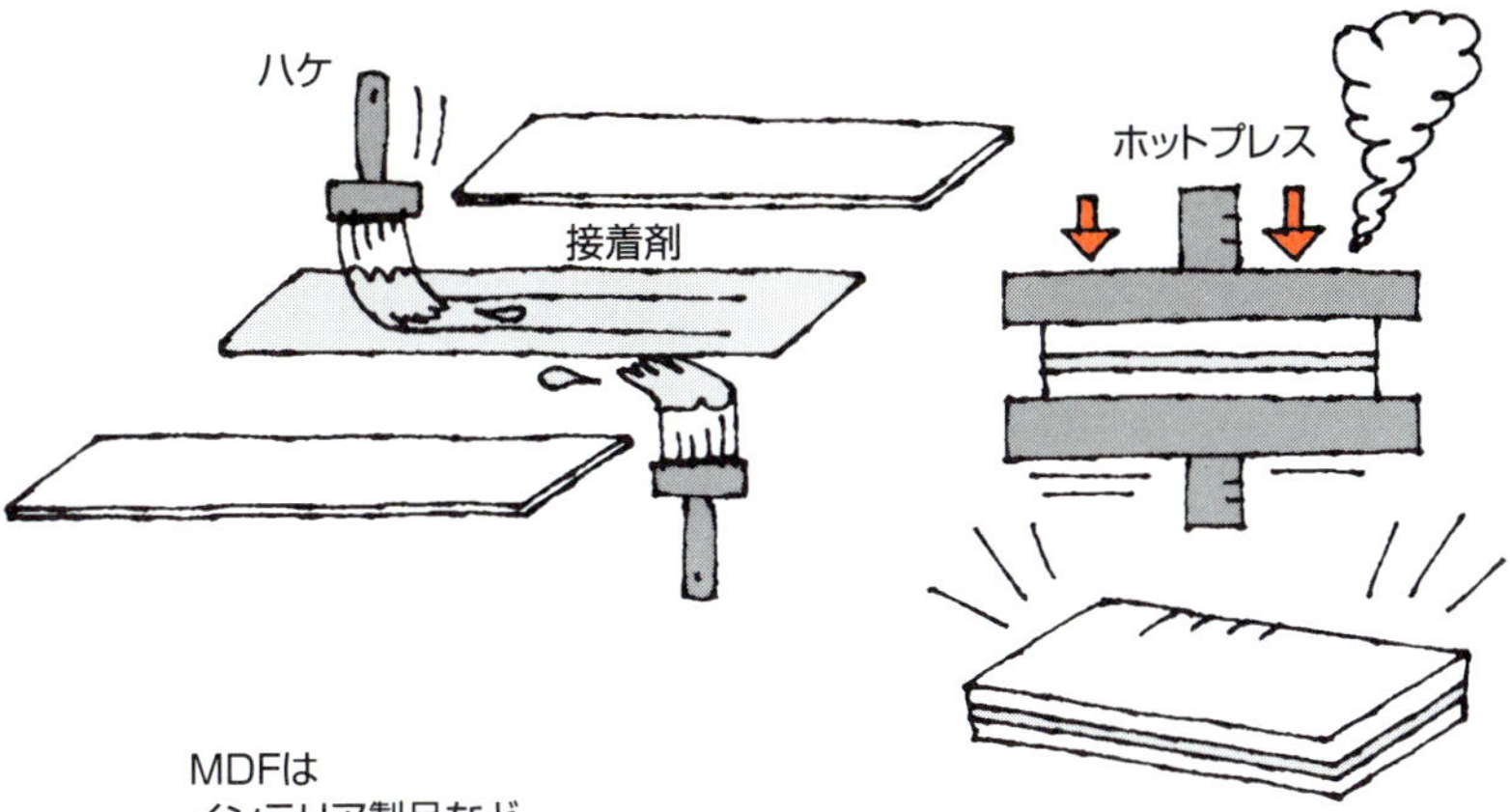

MDFは
インテリア製品など
至るところで使われているよ

接着剤の代用で補強も実現

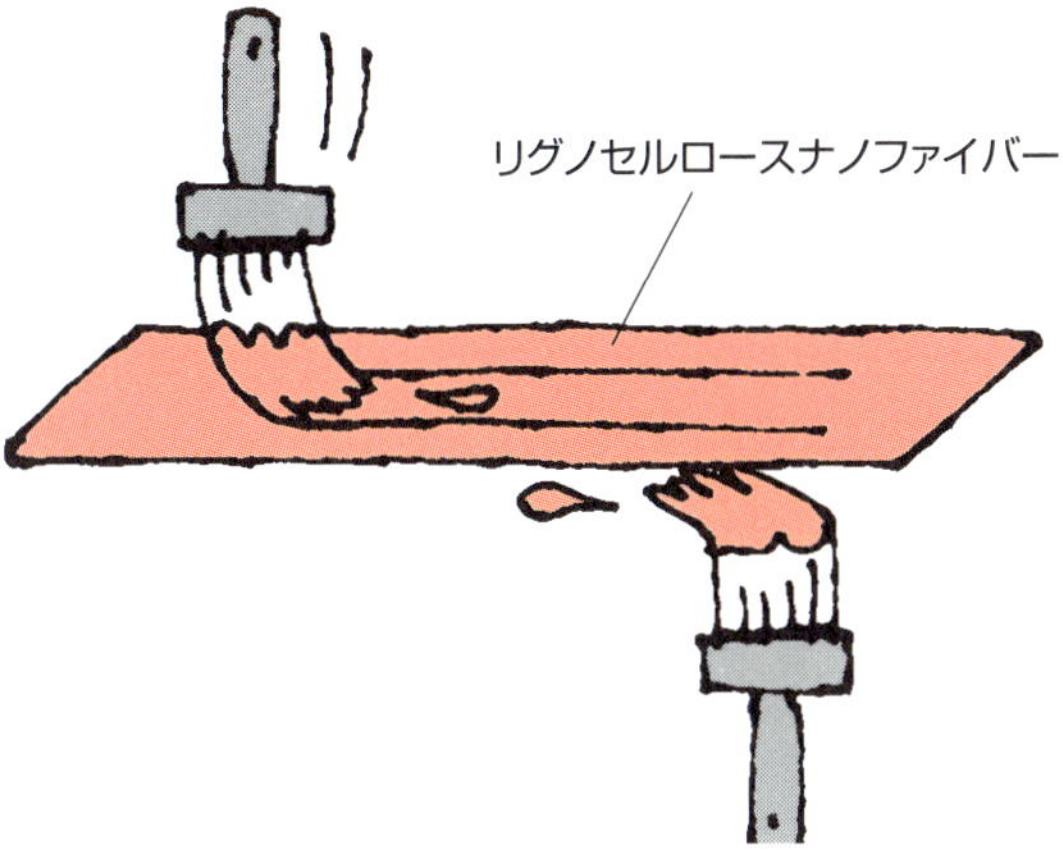

通常の接着剤を
使わずに作るので
環境にもやさしいよ

用語解説

ホルムアルデヒド：有機化合物でアルデヒドに分類される。一部の接着剤、塗料、防腐剤に含まれる。毒性があり医薬用外劇物に指定され、シックハウス症候群の原因物質でもある。分子式は CH_2O

45 ガスバリアフィルム・ガスバリア紙による包装

不得意な条件下でいかに性能を維持できるか

セルロースナノファイバー（CNF）、セルロースナノクリスタルをガスバリアフィルムの材料とする研究は世界各国で行われています。ここでは日本での研究開発事例を紹介します。

TEMPO酸化セルロースナノファイバー（TOCNF）には、水分散液中でTOCNF同士が自ら配向して並ぶ性質があり、これを自己組織化と呼んでいます。そのためTOCNFでフィルムを作ると、酸素分子の通り道となる微細な空隙がなく緻密で、透明、柔軟なフィルムを作ることができます。

ただTOCNFは親水性であるため、高湿度条件下ではTOCNFフィルムのガスバリア性能は低下します。そこでナノクレイやマイカなどとの層状無機粒子と複合化する、あるいは水に強い他の素材と積層することによって、酸素バリア性を保つ工夫が考えられています。TOCNFと層状無機粒子からできたフィルムは、透明で酸素を通さないため、食品や医薬品用の高機能包装材料としての利用が期待されています。

ガスバリアフィルムについては、TOCNFフィルムをポリエチレンテレフタレート（PET）などの透明樹脂フィルムに積層する、あるいはCNFを樹脂に混ぜた複合材料でフィルムを作るなどの方法も検討されています。左ページに図示した例は、TOCNFのフィルムをアクリル樹脂とポリプロピレンではさんだ構造で、酸素透過性の低い透明なフィルムとなっています。

ところでガスバリア性が求められるのは、透明フィルムだけではありません。CNFを紙に直接コーティングすることで、ガスバリア紙を作ろうという試みも行われています。またCNFをPETフィルムに積層した後で紙に積層するなど、さまざまな方法が検討されています。

要点BOX

- TOCNFは自己組織化により空隙のないフィルムを作ることができる
- 水に弱いため無機粒子や樹脂と積層する

ガスバリアフィルムの例

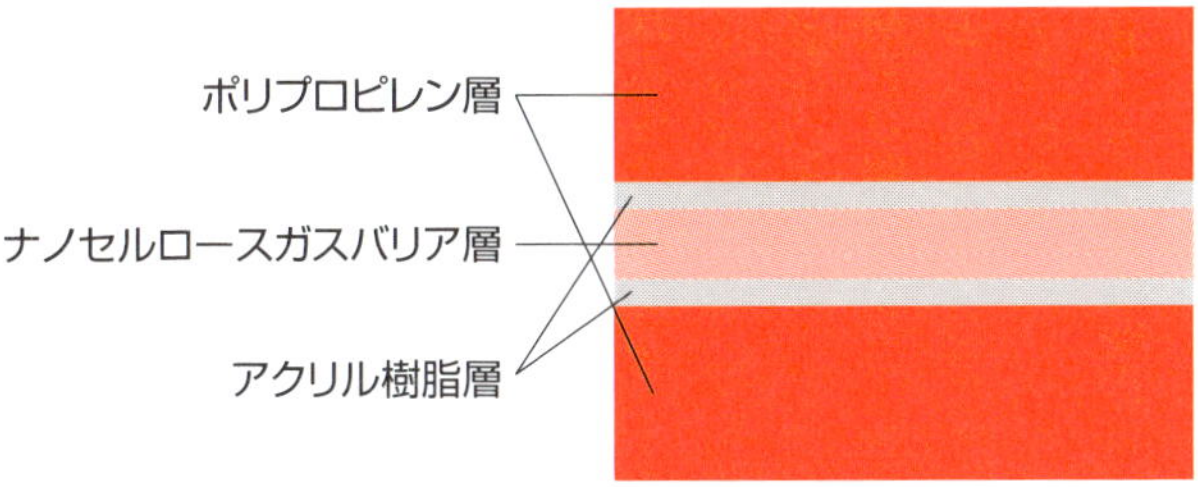

ナノセルロースによるガスバリア層をアクリル樹脂層とポリプロピレン層ではさんだ構造

CNFバリア紙カップの試作品

出所:凸版印刷 2016年10月3日ニュースリリース

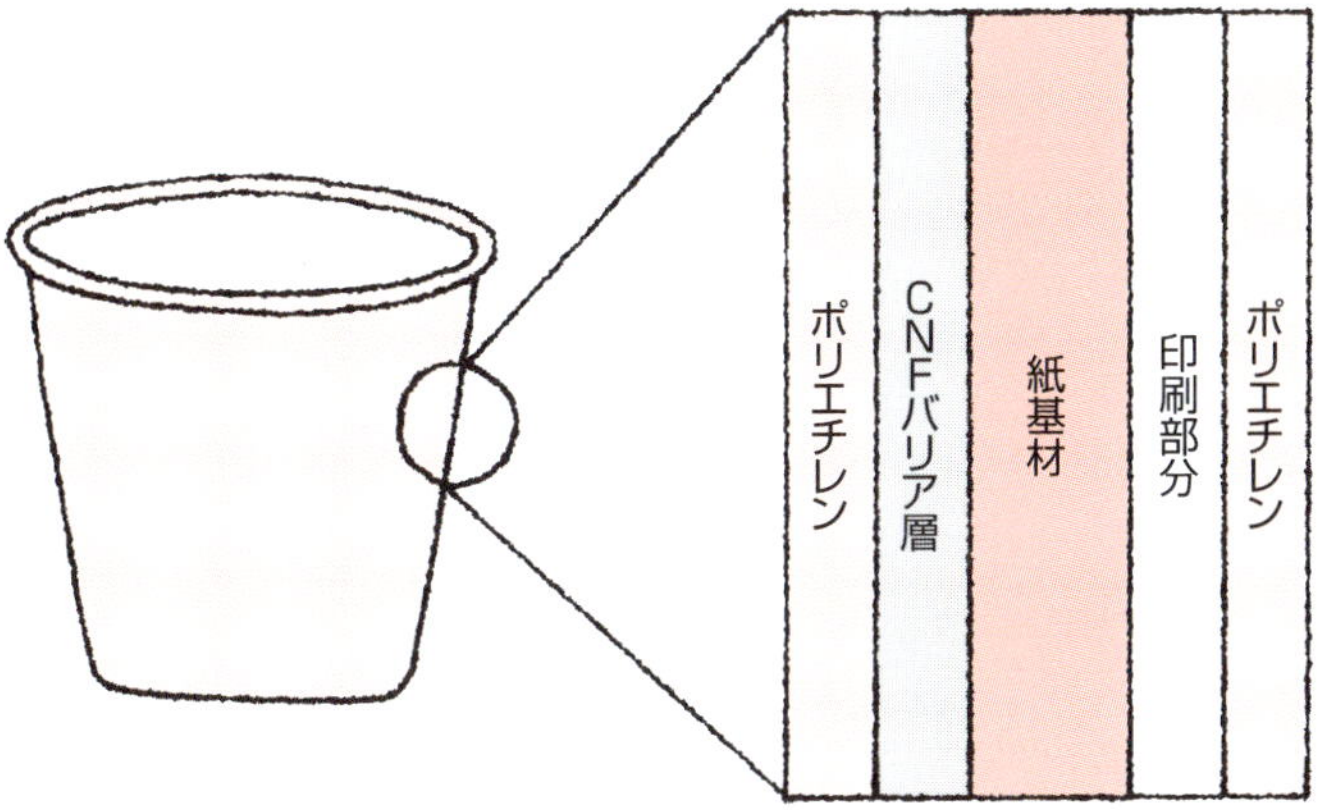

46 実用性の上がったガス分離膜

ナノセルロースの膜にMOFでナノの穴を開けた

ナノセルロースと金属有機構造体（ＭＯＦ）を組み合わせることで、気体を分子サイズで分離するガス分離膜を作ることができます。

３次元多孔質材料であるＭＯＦと合成高分子の複合膜を、ガス分離膜として使う研究が進められてきました。ＭＯＦは高極性である一方、合成高分子膜は疎水性であるため、２種類のフィルムの界面でガスリークが起こり、実用的に十分なガス分離性能が得られていませんでした。

ＴＥＭＰＯ酸化セルロースナノファイバーは、表面にカルボキシ基（-COONa）が高密度に集積した構造を持っています。

このカルボキシ基のNa塩に、ＭＯＦの一種であるZIF-90の中心金属の亜鉛（Zn）をイオン交換で導入し、イミダゾール配位子でつないで結晶成長させたところ、キューブ状のナノ多孔体ＭＯＦをその場合成することができます。

この複合体をろ紙上で造膜したところ、二酸化炭素（CO_2）分子は通すがほぼ同じ大きさのメタン（CH_4）分子は通さない、極めて選択的なガス分離特性を示しました。ちなみに二酸化炭素の分子径は短径が０・33ナノメートル（nm）、長径が０・46nm、メタンの分子径は０・38nmと言われています。

このガス分離膜は、高いガスバリア性を有するナノセルロースの膜に、ＭＯＦでナノの穴を開けた構造に例えることができます。またＭＯＦの結晶核をナノセルロース上で合成していることと、ＭＯＦ・ナノセルロースともに極性が高い材料であるため相性が良く、界面からのガスリークが大幅に抑制されているものと推察されます。

今後、ナノセルロースの表面上で多種多様な機能を持つＭＯＦを合成することにより、さまざまなガス分離膜を開発できる可能性があると考えられています。

要点BOX
- ●ナノセルロースと金属有機構造体の組合せによりガス分離膜を製造
- ●ほぼ同じ大きさのCO_2とCH_4を分離可能

ナノセルロース上でのMOFのその場合成

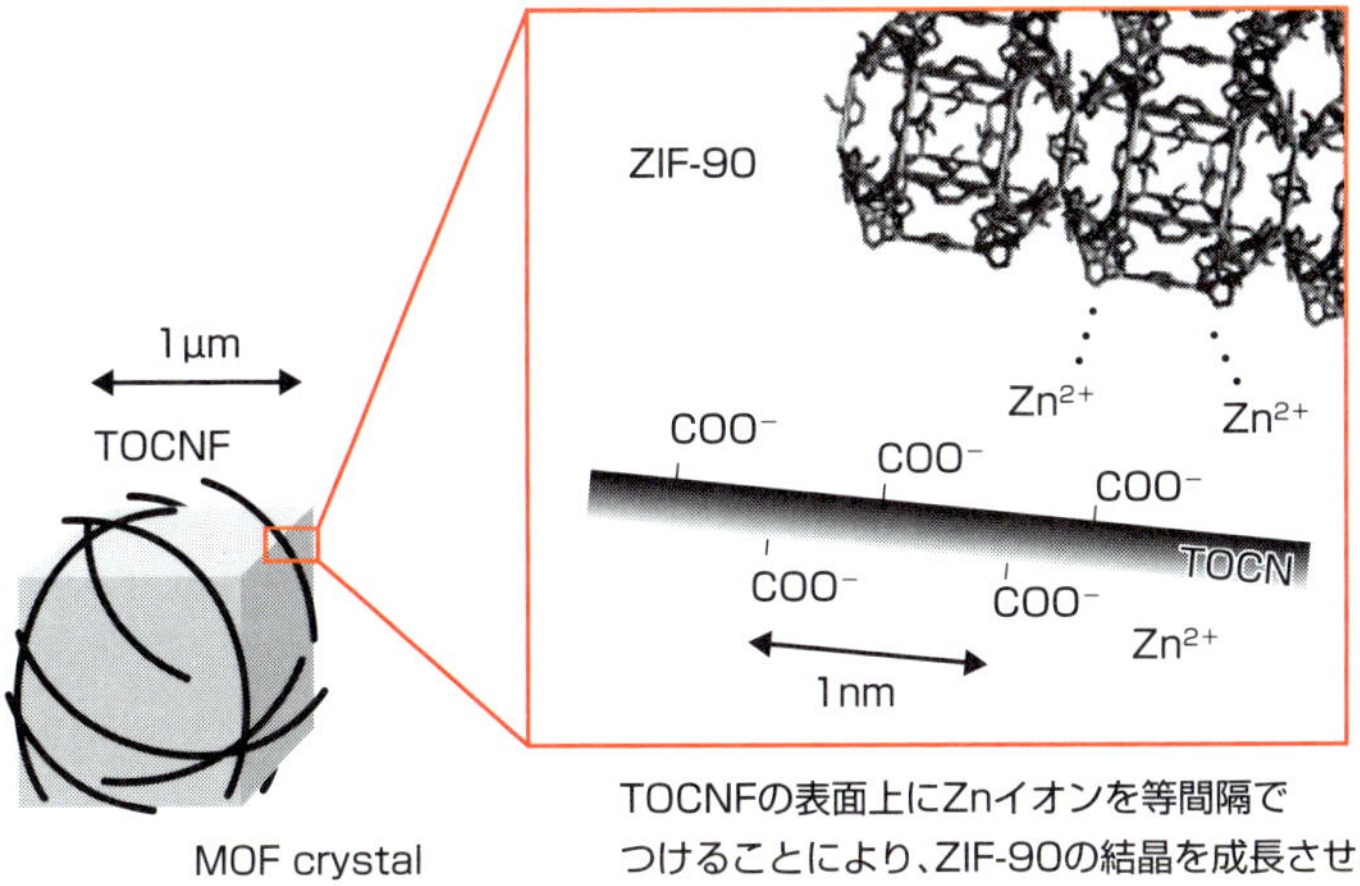

TOCNFの表面上にZnイオンを等間隔でつけることにより、ZIF-90の結晶を成長させる

ガス分離膜の構造

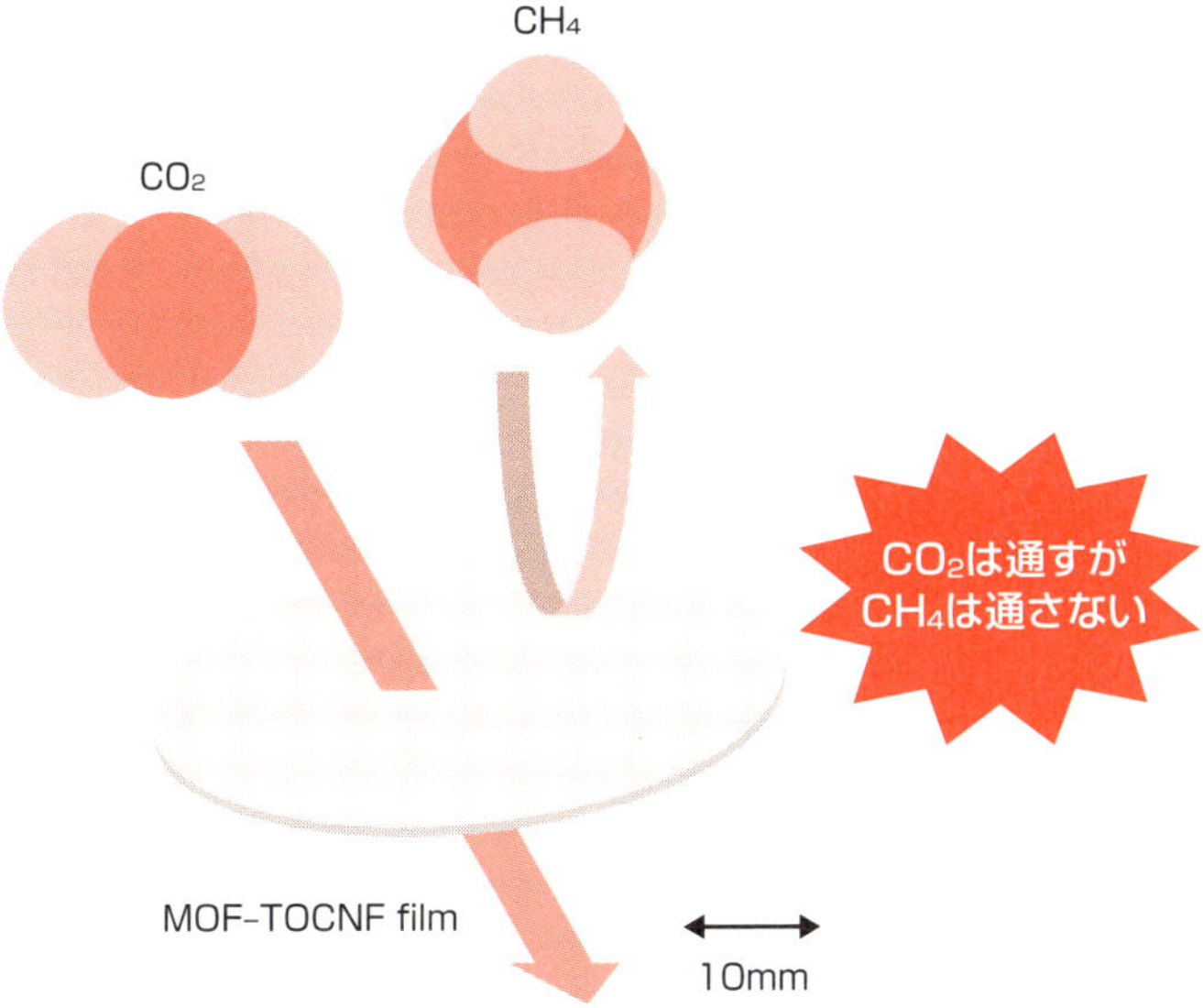

用語解説

金属有機構造体：人工的に合成された3次元多孔質材料で、金属と有機リガンドが相互作用することで活性炭やゼオライトをはるかに超える高表面積を持ち、ガス吸着や分離技術、センサーや触媒などへの応用が期待されている。Metal-Organic Framework（MOF）と呼ばれる

イミダゾール配位子：イミダゾール（imidazole、$C_3H_4N_2$）は五員環上に窒素原子を1,3位に含む複素環式芳香族化合物のアミンの一種。酸性・塩基性どちらでも脱離基となり、有機合成で幅広く利用される

47 リチウムイオン電池のセパレーターに応用が進む

イオンの溶出を食い止める優れた機能

リチウムイオン電池とは、正極と負極の間をリチウムイオンが移動することで、充電と放電を行う充電式電池です。エネルギー密度が高く高い電圧が得られることから、携帯電話からノートパソコン、ハイブリッドカー、電気自動車、その他の産業用途に至るまで広く使われています。

正極、負極、電解質の材料はメーカーによって異なりますが、一般的には正極にはリチウム遷移金属化合物、負極には黒鉛、電解質には有機溶媒とリチウム塩が用いられます。また、正極と負極との間はセパレーターという膜で物理的に隔てられ、電池が高温になった場合はリチウムイオンの流れを止める機能も持っています。このセパレーターの材料として、セルロースナノファイバー（CNF）を使う例を紹介します。

正極にスピネル構造のマンガン酸リチウム（$LiMn_2O_4$）を使ったリチウムイオン電池は価格が安い反面、劣化が早いという欠点があります。原因の1つは、正極からのマンガンイオンの溶出と負極での酸化マンガンへの酸化が起きるためです。そこでリチウムイオンは容易に透過する一方、マンガンイオンは透過できないセパレーターの開発を行いました。

CNFは表面に多くの官能基を持つため、化学修飾が容易です。また細孔制御も可能です。そこでCNFの表面修飾を行い、細孔を制御したCNFと、多孔質の支持膜を階層した構造のセパレーターを製造・実験しました。その結果、溶出したマンガンイオンはCNF膜の表面でキャッチされ、負極側に透過しないことを確認できたのです。

充電式電池やキャパシタに関する研究開発は世界中で行われています。ここで紹介した研究のほかにも、比表面積が大きく、多くの金属を担持できるCNFの性質を利用し、キャパシタの材料として用いる試みもなされています。

要点BOX
- ●CNFの表面修飾と細孔制御により、優れた特性を持つセパレーターを開発
- ●キャパシタの材料への適用も見込む

リチウムイオン電池の構造例

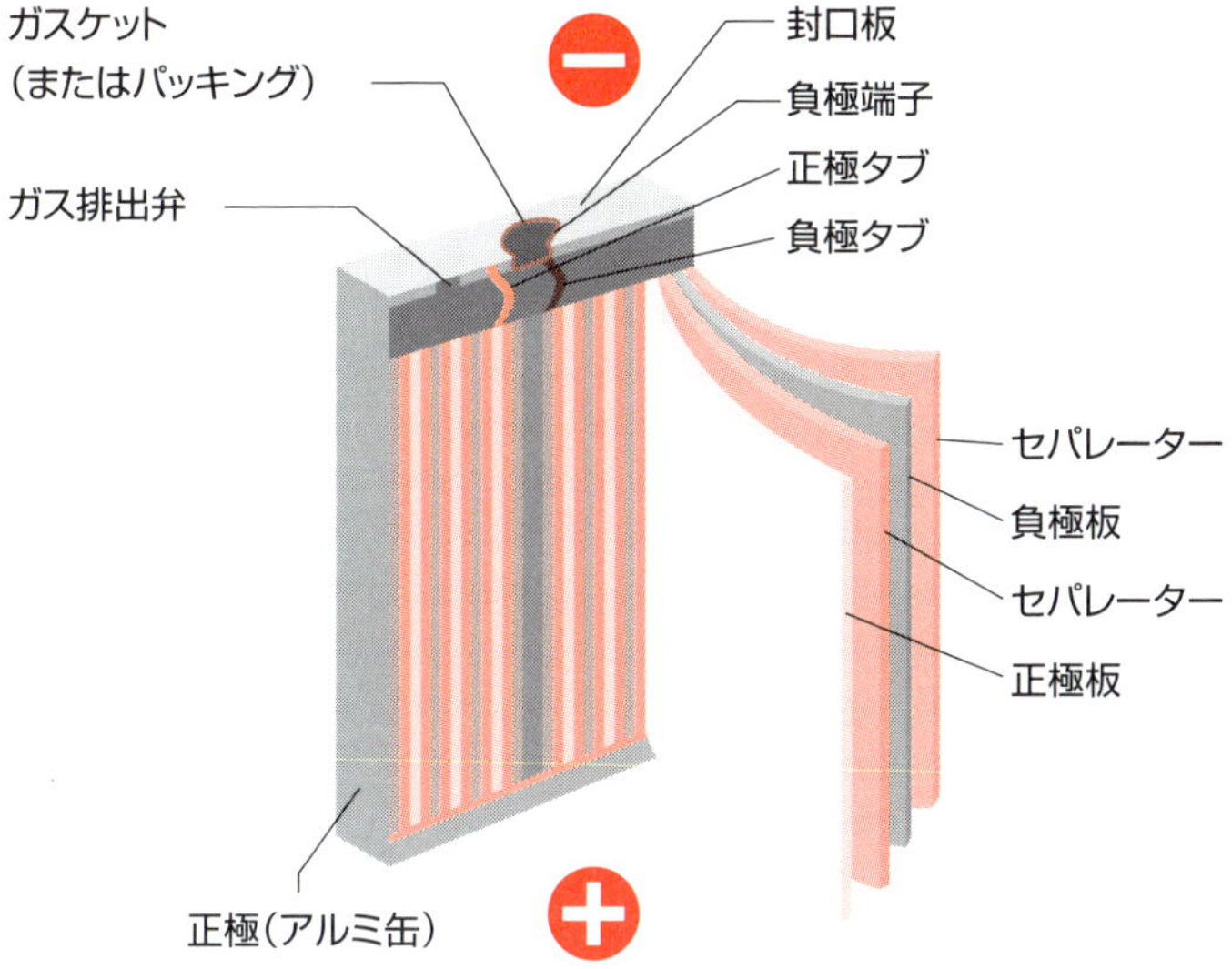

セパレーターの概念図

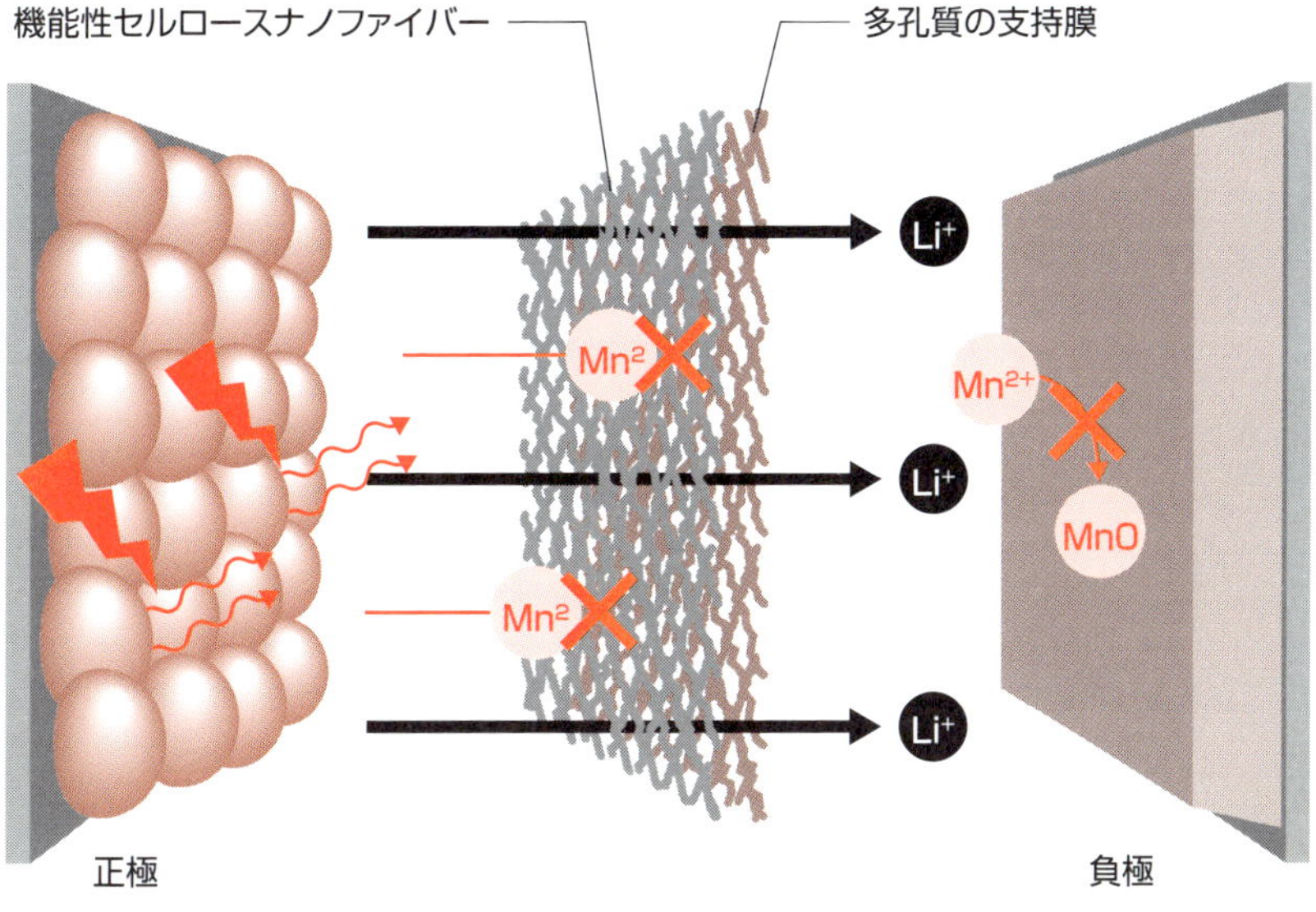

48 コンクリート・セメントの添加剤

硬くなるタイミングを自在にコントロールできる

コンクリートはセメントと砂、石、水を混ぜて作った建設材料で、化学的なプロセスを経て硬くなります。ナノセルロースは、コンクリートやセメントの添加剤として多様な効果が期待されています。

コンクリートの強度特性を改善する目的で、セルロースナノファイバー（CNF）、セルロースナノクリスタル（CNC）を添加しますが、わずか1%程度の添加量で補強効果が得られるのです。これにはナノセルロースが持つ高強度という特徴だけでなく、セメントの水和反応を加速する効果も関係していると言われています。

凝固する前のコンクリート配合物の材料分離や、ブリーディングを防ぐ目的で安定化混和剤として用いられるケースではCNFが適用され、添加量はセメントの2%以下です。自己充填コンクリートは、重力によりコンクリート自体が流れ落ちることで充填されるため、締め固め作業が不要となり、建設中の騒音低減や工程削減に役立ちます。

一方でコンクリートに含まれる材料が分離し、性能が低下する場合があります。そこでCNFから成るゲルをコンクリートに添加すると、コンクリート材料の均一分散性が保たれ、材料分離を抑えるのに効果的です。

また、圧力注入工法でコンクリートを施工する場合は、非常に高い流動性が求められます。水の添加量を増やせばコンクリート材料の流動性は高くなる一方で、材料分離が起きやすくなります。そこで、CNFから成るゲルを添加してチキソ性を付与することで、圧力をかけたときだけ流動性が高くなり、静置すると粘度が上がって材料分離が生じません。

このほか、セメントにCNFを添加することで硫酸イオンによる浸食を防ぐ研究、油井用セメントにCNCを添加し、粘度や浸透性、強度を向上させる研究も行われています。

要点BOX

- 高強度を活かして補強材料として使う
- 均一分散性、チキソ性を活かしてコンクリート施工性を改善する

コンクリートのブリーディング

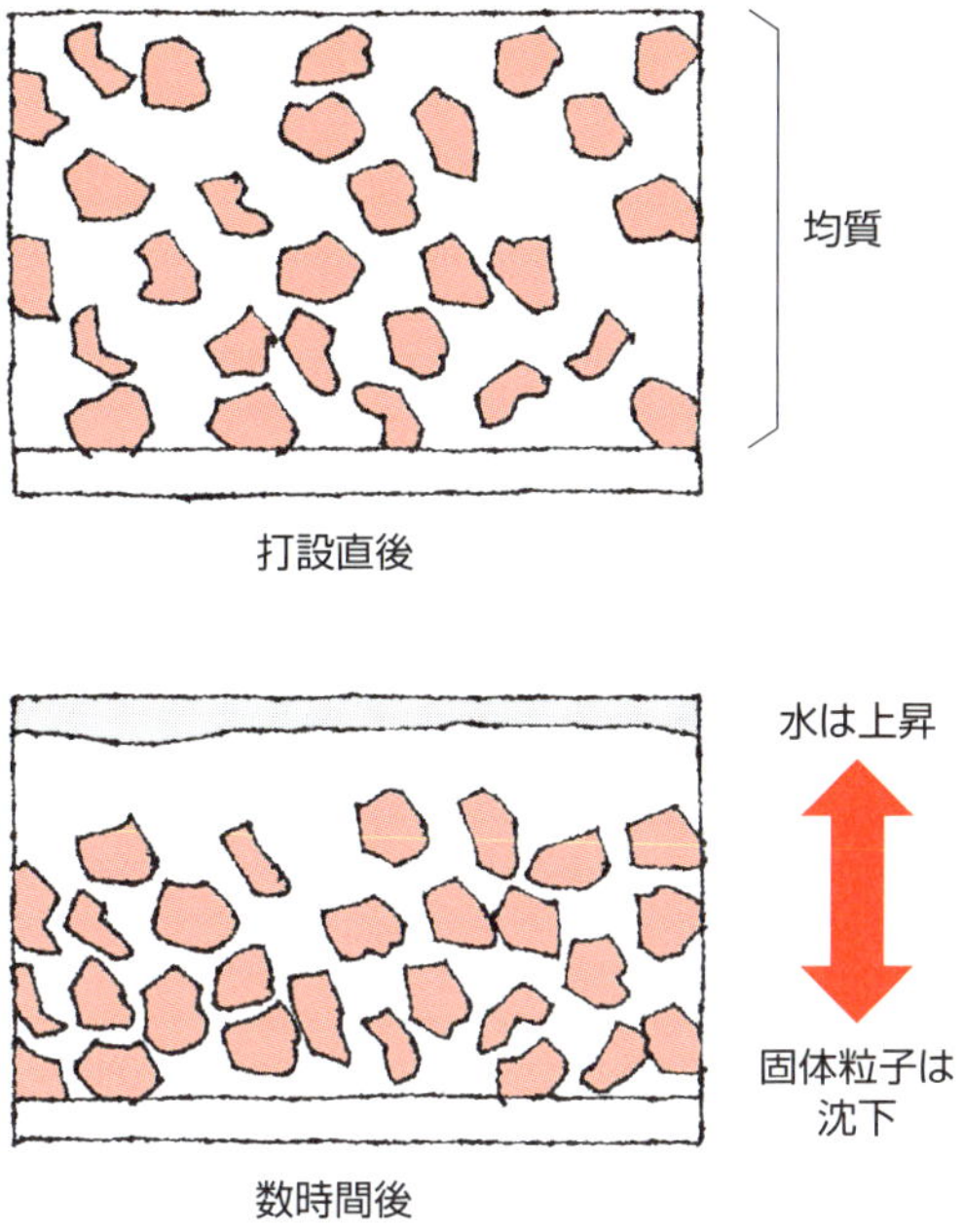

コンクリートの施工方法

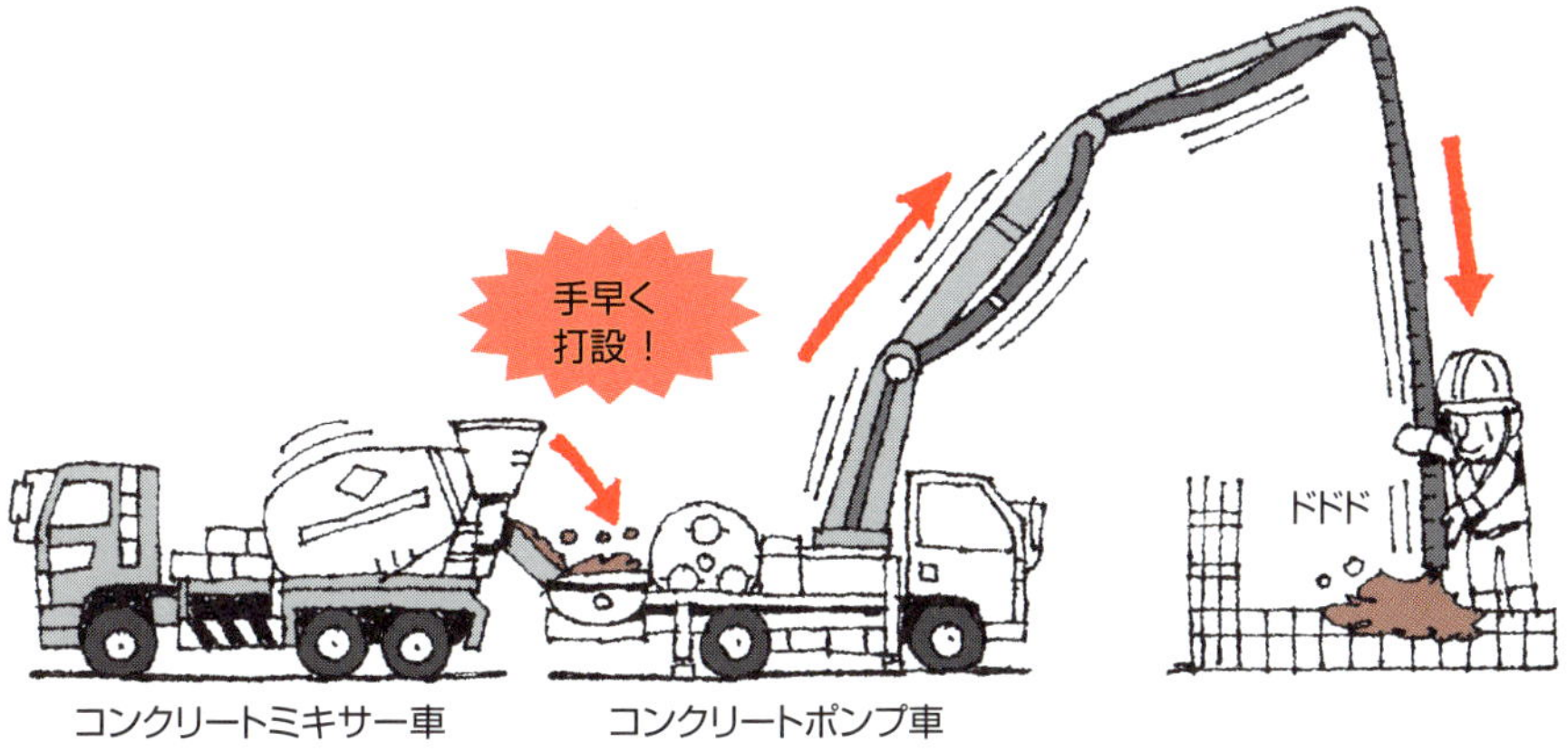

用語解説

ブリーディング：コンクリートを施工したとき、重い石や砂が沈み、水が表面に浮き上がる現象

チキソ性：物質がせん断応力を受け続けると、粘度が低下しサラサラになるが、せん断応力がかからなくなると元の粘度が高い状態に戻る性質のこと

49 塗料・インキへの添加剤

粘性の向上による液垂れ防止が主目的

私たちの身の回りで広く使われている塗料は、顔料、樹脂、溶剤、添加剤を混ぜて作られています。塗装するときの作業性や乾燥性、塗装後の耐候性、防錆性、耐摩耗性、塗料そのものの保存性など、性質の異なる塗料が市販されています。

私たちがペンキを塗るときに、問題になるのが液垂れです。垂直のものにペンキを均一に塗るのは、容易ではありません。ナノセルロースには増粘性、チキソ性という性質があります。塗料にナノセルロースを添加することで塗料の粘度を高くし、液垂れが防げます。またチキソ性があるため、粘度が高い塗料でもスプレーガンを用いた塗装が可能です。

ナノセルロースには高強度という性質があるため、塗装後の耐候性や耐摩耗性を向上できる可能性があります。特に屋外で使用する塗料や、道路の線引き用塗料では効果が期待できます。さらに、ナノセルロースの表面にさまざまな化学物質や金属を結合させることで、塗料に新たな機能を付与することも考えられます。ナノセルロースは、サイズにもよりますが無色透明のゲルで、添加剤としては使い勝手が良いようです。

塗料には顔料が含まれていますが、顔料は塗料の中で微粒子として分散しています。塗料を長期間保存すると、顔料が沈殿することがあります。ナノセルロースは分散安定剤としても利用できるため、塗料の保存性の改善に貢献します。

またインキについても同様で、増粘性やチキソ性、高強度、無色透明という特性を活かして、さまざまな用途開発がされています。通常のインキのみならず、ナノセルロースに金属を担持して導電性のあるインキを製造し、プリンテッドエレクトロニクスに利用する、あるいは高粘性かつチキソ性のあるインキを3Dプリンターのインキとして利用するなど、世界中で用途開発が進められています。

要点BOX
- ●チキソ性による施工性の改善
- ●耐候性・耐摩耗性の向上
- ●分散安定性による品質保持

塗料の液垂れの例

塗布厚さ(μm)
異なった膜厚に塗布し、垂直に立てて、垂れを判定する
75
100
150
200
250

出所:「トコトンやさしい塗料の本」、中道敏彦、坪田実、日刊工業新聞社、P.35 写真の一部を抜粋

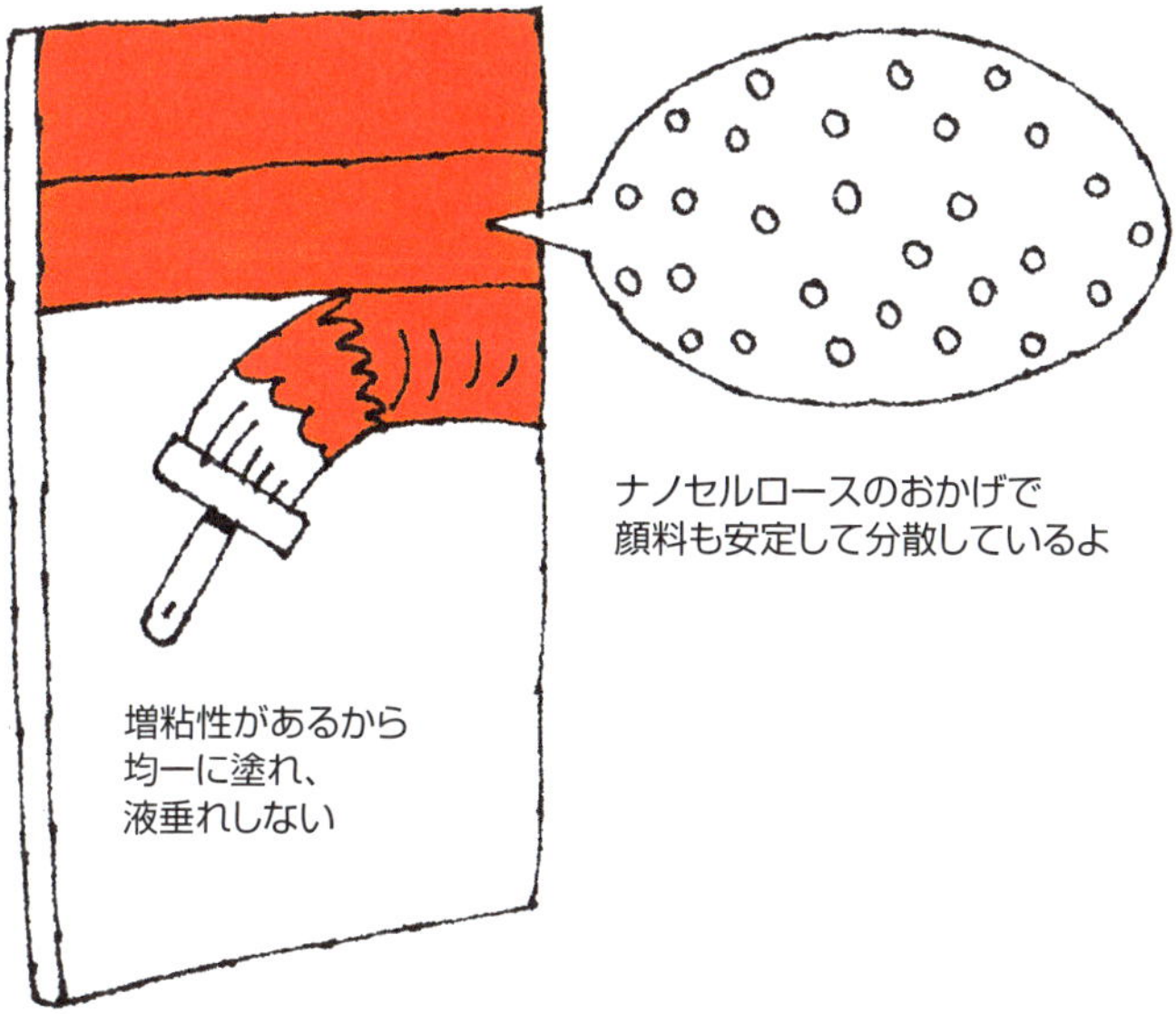
ナノセルロースのおかげで
顔料も安定して分散しているよ
増粘性があるから
均一に塗れ、
液垂れしない

用語解説

顔料と染料:着色に用いる粉末で水や油に不溶のもの。塗料やインクのほか化粧品、樹脂、ゴムの着色にも使われる。同じ着色に用いる粉末でも、水や油に溶けるものは染料と呼ぶ

プリンティッドエレクトロニクス:金属ナノ粒子を含む導電性インクを用い、従来型印刷とデジタル印刷の両方の印刷技術を利用して電子構造やデバイス、回路を作ること。抵抗、コンデンサ、TFT 液晶、有機薄膜トランジスタ、不揮発性メモリーなどが製造できる

50 原油・天然ガス掘削のフラクチャリング流体

掘削流路の確保にナノセルロースがひと役買う

原油や天然ガスを効率良く掘削する技術の1つに、水圧破砕という方法があります。これは、水圧によって原油や天然ガス層に人工的な割れ目（フラクチャー）を作り、原油や天然ガスの流路を確保するものです。

まず、粘度の高い液体を穴から圧入することで貯留層の岩石を破砕し、フラクチャーの長さと幅を大きくします。

粘度の高い液体の圧入を止めると、フラクチャーが閉じるため、フラクチャーの長さと幅を大きくするのと同時に、プロパントと呼ばれる特殊な砂粒を高粘度液体に混ぜ、最終的に砂粒でできた原油や天然ガスの流路を作ります。これにより、従来法では採掘が難しかった原油や天然ガスの採掘が可能になります。

フラクチャーを作るために注入される液体を、フラクチャリング流体と言います。フラクチャリング流体の90％以上は水ですが、プロパントのほかにゲル化剤、摩擦低減剤、酸、腐食防止剤、界面活性剤などさまざまな化学物質が含まれています。近年、フラクチャリング流体による環境汚染が懸念され、フラクチャリング流体の成分として天然由来で生分解性のあるセルロースナノクリスタル（CNC）やセルロースナノファイバー（CNF）を用いる研究が行われています。

カナダのニューブランズウィック大学と天津科技大学では、2-アクリルアミド-2-メチルプロパン硫酸で修飾したCNFをオイル掘削に利用することで、レオロジー特性の改善と制御が可能となり、中国の原油回収率を2倍に向上できるという研究結果を発表しています。さらにカナダのアルバータ大学は、CNCとカルボキシメチルセルロースをベントナイトに混ぜたものを、フラクチャリング流体として用いる研究を行っています。

要点BOX

- フラクチャリング流体に添加して掘削性を確保
- 天然由来で生分解性があるゲル化剤、摩擦低減剤として使う

水圧破砕の原理

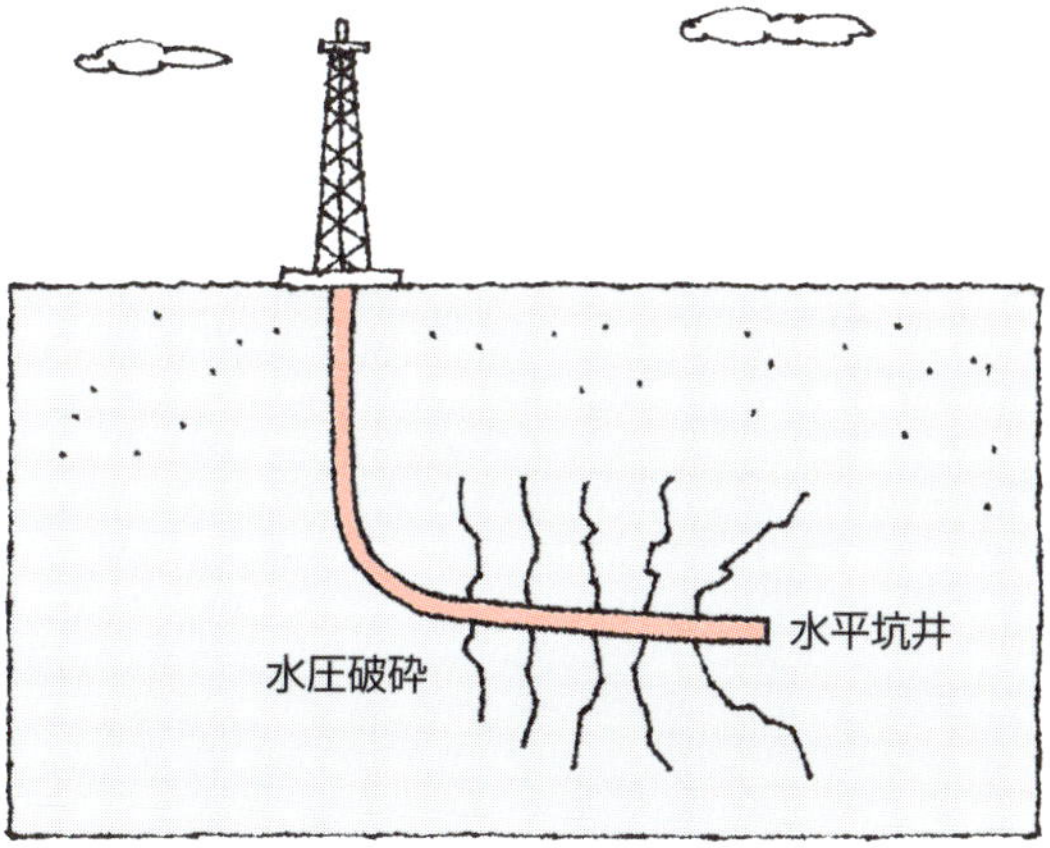
水平坑井
水圧破砕

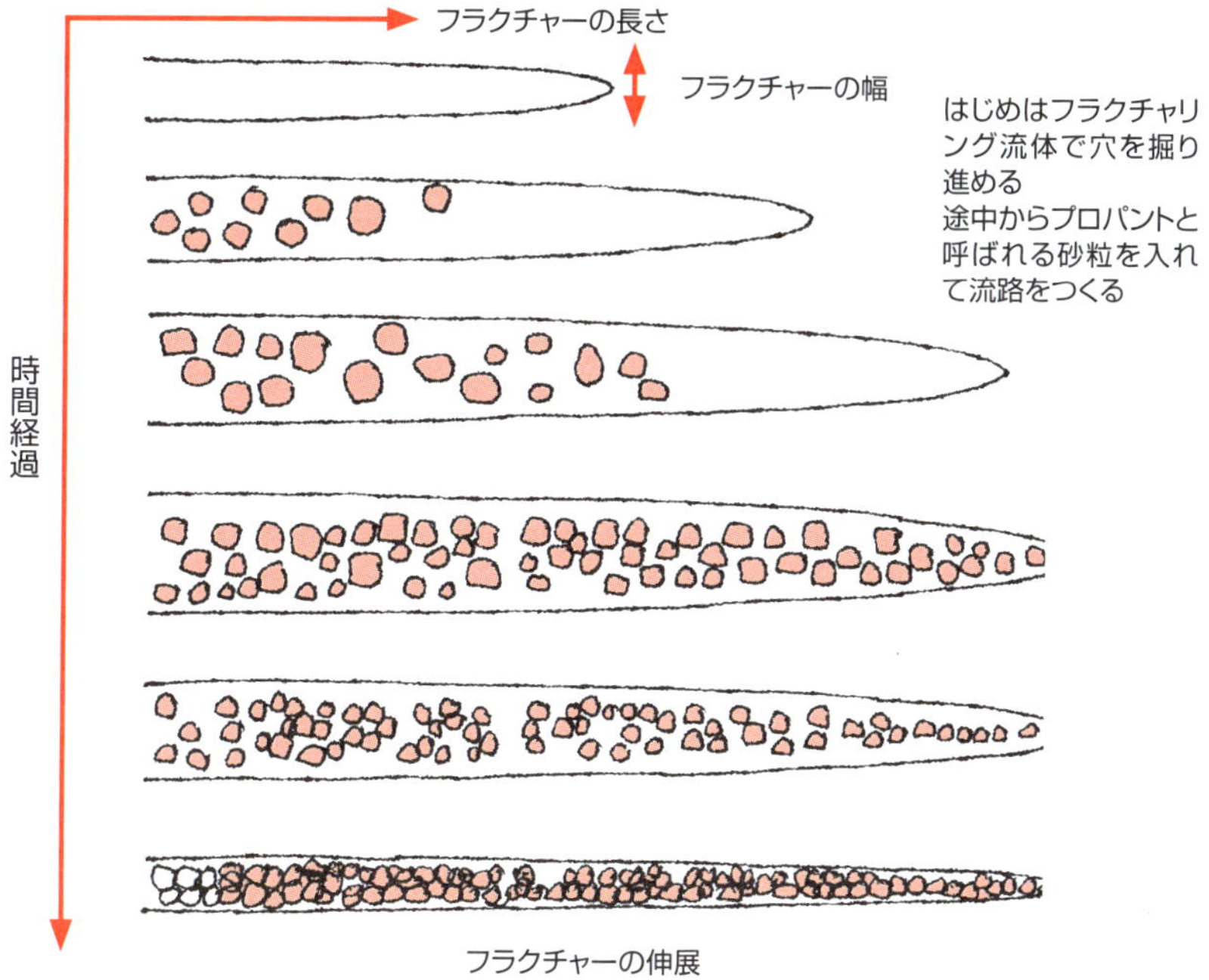
フラクチャーの長さ
フラクチャーの幅
はじめはフラクチャリング流体で穴を掘り進める
途中からプロパントと呼ばれる砂粒を入れて流路をつくる
時間経過

フラクチャーの伸展

用語解説

レオロジー特性：力が加えられた状態での物質の流動と、変形に関する特性

EOR：Enhanced Oil Recovery の略で、原油増進回収法のこと。自噴しなくなったり貯留層の含水率が上がったりして、経済的に採掘が難しくなった油井に残った原油を回収する技術で、水圧破砕もその１つ

51 エコでパワフルな油の吸着材

ポリプロピレン製品に代わるエアロゲル

環境中に漏れ出した油を吸着・回収するために、油吸着材が市販されています。特に水環境で使う場合には、水を吸わず油を選択的に吸う性質が求められます。

市販されている油吸着材は親油性や撥水性に優れ、繊維内に吸着した油を長時間保持できるポリプロピレンを使用したものが多く、ポリプロピレンを不織布にしたもの、ポリプロピレンの薄布を積層したものなどが用いられています。製品や使用条件によって吸着量に違いはありますが、吸着剤の重量の10〜15倍の重量の油を吸着します。

一方、セルロースナノファイバーから作ったエアロゲルを油吸着材として用いる研究が行われています。実験では、TEMPO酸化セルロースナノファイバー（TOCNF）に$CuCoFe_2O_4$粒子を担持した後、TOCNFを凍結乾燥してエアロゲルを作る方法と、TOCNFを凍結乾燥してエアロゲルを作った後、$CuCoFe_2O_4$粒子を担持する方法について比較を行っています。いずれの場合も、TOCNFに第一鉄イオン（Fe^{2+}）と第二鉄イオン（Fe^{3+}）が担持され、磁性のあるエアロゲルとなっています。またこのエアロゲルは超疎水性を示します。

このエアロゲルを使って油の吸着性能を調べたところ、エアロゲルの重量の60倍の重量の油を吸着することがわかりました。エアロゲルは磁性体であるため、回収も容易です。

またこの油吸着エアロゲルの最大の特徴は、再生可能である点です。従来の油吸着材は、廃棄物として処理することになり、多くの場合は焼却処理がなされる模様です。回収した油はともかく、石油由来のポリプロピレンも一緒に焼却処理されます。ナノセルロースのエアロゲルによる油吸着材は、実用化までに課題はありますが、ナノセルロースの新しい用途として期待できます。

要点BOX

- 超疎水性で磁性を示すCNFのエアロゲルを油の吸着剤として使用
- 従来品に比べ吸着量が多く、再生も可能

油吸着材のイメージ

	従来のポリプロピレン不織布	TEMPO酸化セルロースナノファイバーのエアロゲル
油吸着は	自重の10～15倍	自重の60倍

研究途上だけど
エアロゲルは
再生をめざしているんだ

52 触媒担持基材として活躍するナノセルロース

さまざまな金属種に適用できる

ＴＥＭＰＯ酸化セルロースナノファイバー（ＴＯＣＮＦ）は、セルロースⅠ型の結晶構造を維持しながら表面にカルボキシ基（-COOH）が高密度に集積した構造を持ち、しかも水系で分散・存在しています。この構造を活かし、金属ナノ粒子を用いた触媒の担持基材として応用できます。

金属ナノ粒子とは、金属をナノサイズ（１～１００ナノメートル）の粒子にしたものです。比表面積が極めて大きく、量子サイズ効果によって一般的な大きさの金属とは異なる物性を示すことが知られています。

高活性な金属ナノ触媒は非常に不安定なため、実用的には何らかの担体に固定化しなければなりません。例えば合成高分子に固定した場合、金属ナノ触媒が緻密な合成高分子の層に練り込まれ、触媒の活性点が覆われて性能が低下するという問題が生じます。そこで、分散性の高いＴＯＣＮＦの表面のカルボキシ基を接点とし、金属イオンの交換反応を行うことで、少ない体積当たり大量の金属ナノ触媒を固定化することができます。

さらに、固定化した金属ナノ触媒を起点に結晶成長させることにより、金属ナノ粒子をその場合成することで、ナノセルロースの結晶表面により多くの金属ナノ触媒を分散担持させることが可能です。

ＴＯＣＮＦの特徴として、金属イオンとの接点となるカルボキシ基はセルロースの結晶表面だけに存在し、内部にはありません。したがって、担持した金属ナノ触媒の多くが触媒活性を示し、触媒性能が著しく向上します。

また、カルボキシ基を反応点とする金属イオン担持やナノ粒子合成は一般的であることから、この技術はさまざまな金属種に適用できます。このほかにも、セルロースナノファイバーを触媒の担体に使用している研究例は多々あります。

要点BOX

- ●ＴＯＣＮＦ表面のカルボキシ基に金属ナノ触媒を固定化する
- ●体積当たり大量の金属ナノ触媒を固定化

金属ナノ粒子を担持したナノセルロース

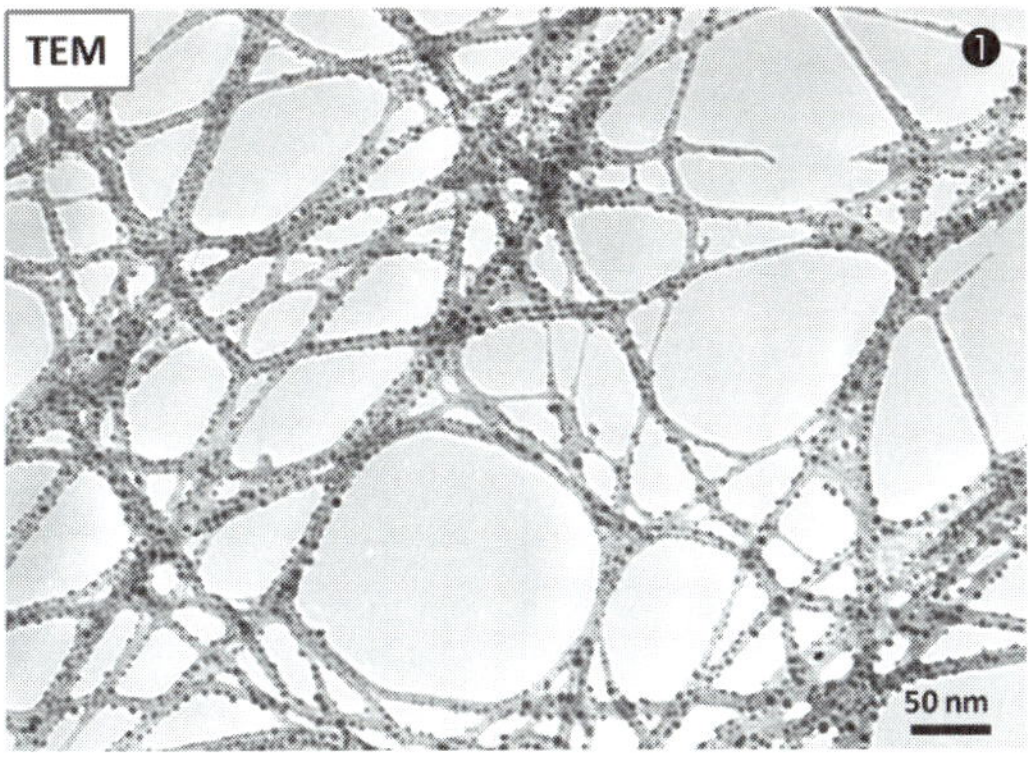

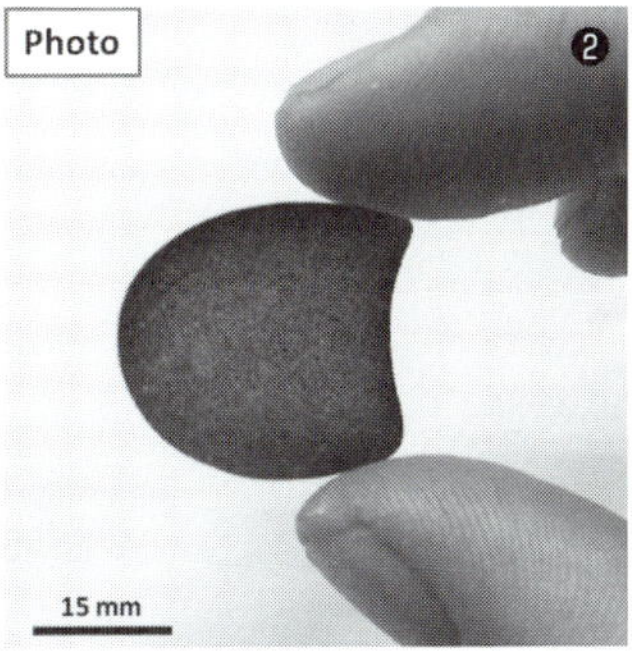

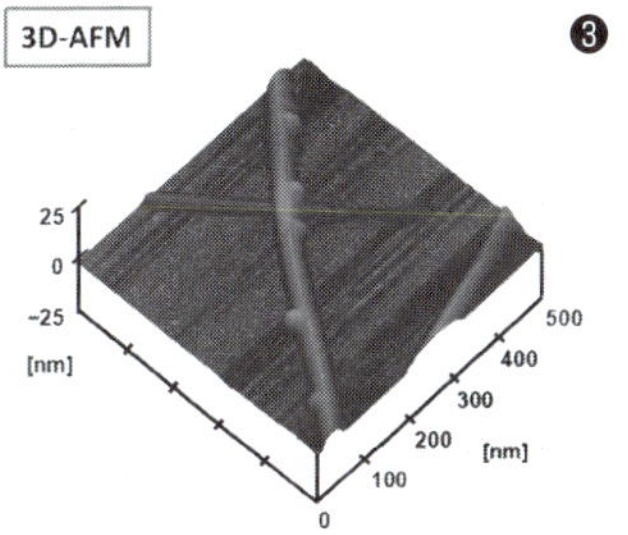

❶TEM写真
❷外観写真
❸3D-AFM写真

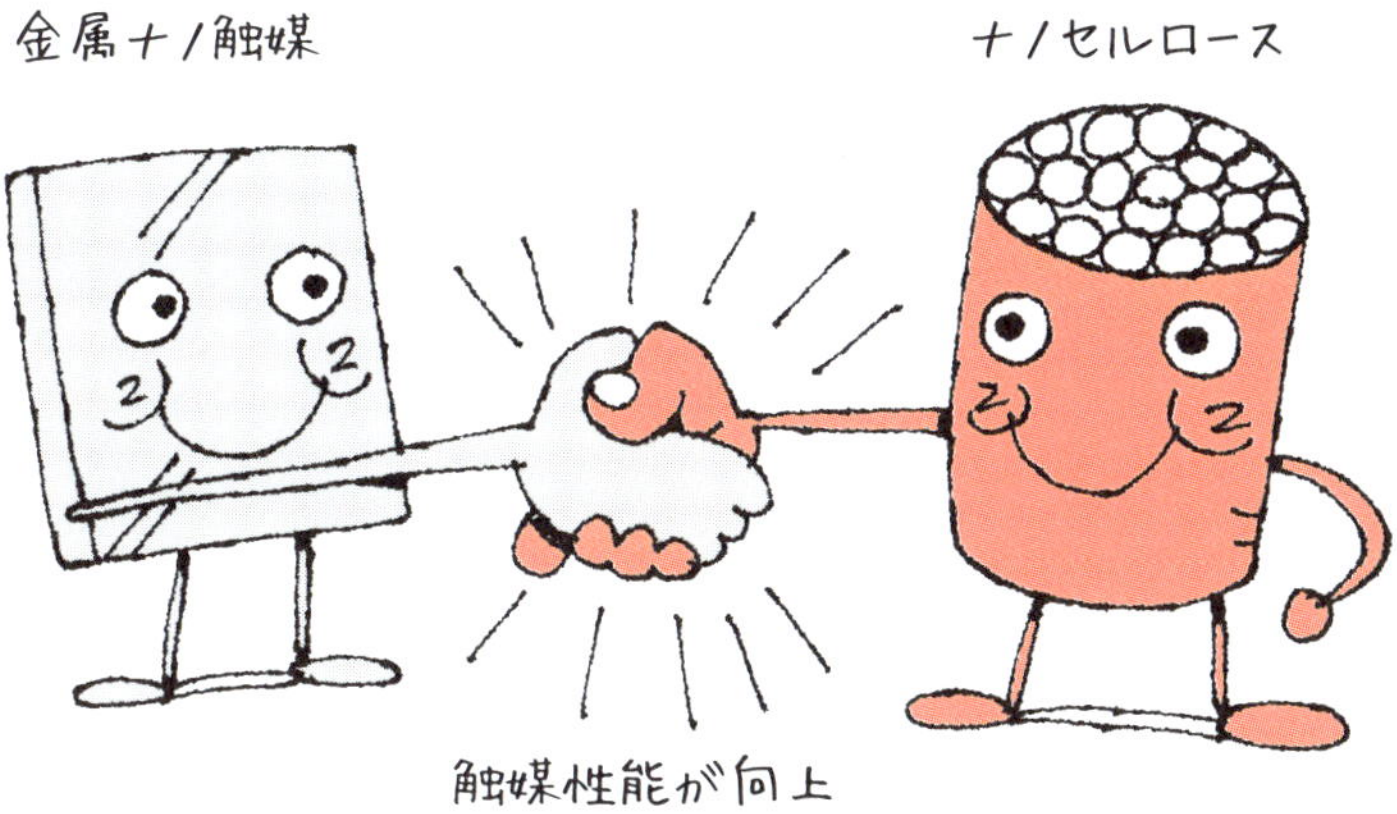

用語解説

触媒：特定の化学反応速度を速くする物質で、自身は反応の前後で変化しない物質。触媒は反応物と反応中間体を形成し、反応に必要とされる活性化エネルギーの低い別の反応経路を作ることで、反応速度を速くする

量子サイズ効果：ナノ粒子の直径を数～20nmまで小さくすると、電子がその領域に閉じ込められ、電子の状態密度は離散化される。また電子の運動の自由度が極端に制限され、その運動エネルギーは増加する

53 次世代ディスプレイの呼び声高い透明補強材料

引張強さと低熱膨張性が武器

ナノセルロースの高強度で透明、しかも熱膨張しにくい特徴を活かして、プラスチックを補強した材料を作ることができます。ここでは、バクテリアセルロース（BC）を用いた透明補強材料について紹介します。

BCをシート状にし、熱を加えながらプレスで水を絞り出すとBCのフィルムができます。このフィルムには体積当たり40％の空気が含まれていて、セルロース結晶と空気の大きな屈折率の差により白色となっています。続いてここに、屈折率がセルロースに近い透明アクリル樹脂を注入すると、白色のシートは透明になります。このシートはアクリル樹脂が60％、BCが40％という比率になりますが、光透過率はアクリル樹脂100％のときと比べて5％しか低下しませんでした。

アクリル樹脂（PMMA）の引張強さは48MPaと言われていますが、BCで作った透明補強材料の引張強さは320MPaで、炭素鋼（SS400）の引張強さ410～510MPaに近い値となりました。

一方、この透明補強材料の線膨張率は3～7×10^{-6}／Kで、ナノセルロースの0・1×10^{-6}／K、PMMAの0・45～0・7×10^{-6}／Kよりは高くなったものの、硬質ガラス並みの（8・5×10^{-6}／K）の線膨張率を示しました。しかも、この材料はフレキシブルで大きく曲げることができます。

またナノセルロースで補強しているにもかかわらず、透明性が保たれているため、温度変化に伴い樹脂の屈折率が変化しても、透明性はほとんど損なわれません。

この透明補強材料のフレキシビリティと低熱膨張性を活かした用途として、次世代のディスプレイである有機ELディスプレイへの透明基板などが検討されています。

要点BOX

- バクテリアセルロースのシートに透明アクリル樹脂を含浸する
- フレキシブルに大きく曲げられる

透明補強材料

透明補強材料を基板に用いた有機EL発光素子

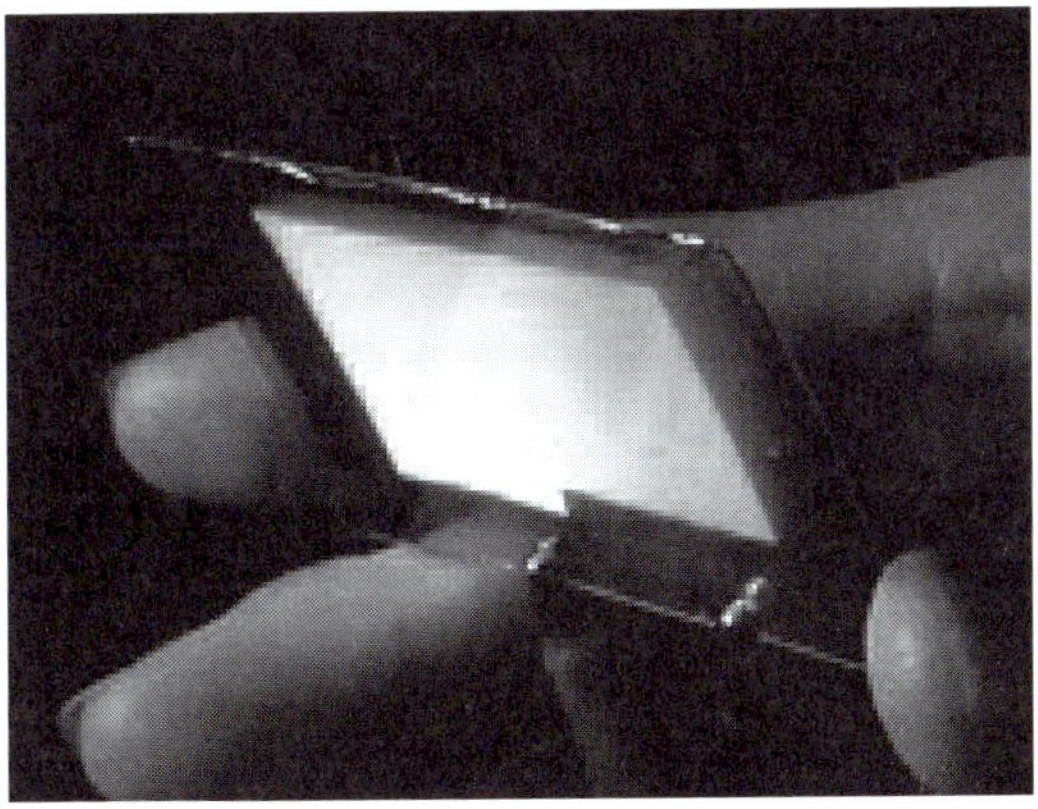

用語解説

アクリル樹脂：アクリル酸エステルまたはメタクリル酸エステルの重合体で、透明性の高い非晶質の合成樹脂。ポリメタクリル酸メチル樹脂（PMMA）とも言われ、水族館の大型水槽などにも使われる

有機 EL：有機エレクトロルミネッセンスの略で、発光を伴う物理現象およびその現象を利用した製品のこと。有機化合物に注入された電子と正孔の再結合により、励起子が生ずることで発光する。ディスプレイや照明としての応用が進む

54 デバイスの小型・軽量化を促す高誘電率ナノペーパー

ウエアラブル社会で欠かせない存在に浮上？

紙は電気を通しませんし、電気を蓄えることもできません。その一方で、セルロースは電気を通しませんが、電気を蓄える性質は持っています。

電気の蓄えやすさを示す指標は比誘電率です。紙はセルロースからできていますが、通常の紙は空気を多く含んでいます。空気の比誘電率は1で、紙の比誘電率は2・0～2・5と言われています。

セルロースの比誘電率は6・7～8・0で、紙よりも高くなっています。そこでナノセルロースを用い、紙内部の空隙を除去して緻密・高密度化したナノペーパーを調製すると、比誘電率は5・3まで上がりました。ここへさらに銀ナノワイヤーを2・5vol%加えると、1・1GHzで比誘電率が726・5まで上昇しました。これはコンデンサの材料として使われるチタン酸バリウムの比誘電率（1200）に近い値です。

この銀ナノワイヤーを添加したナノペーパーは、大量の電気を蓄えることができる一方で、紙のようにはさみで切ることも、折り紙のように折りたたむことも可能です。

この銀ナノワイヤー複合ナノペーパーを基板にしてアンテナデバイスを作製すると、ナノペーパー基板や汎用プラスチック基板と比べ、ターゲットの電波周波数と良好な感度を保ったまま、デバイスを小型化かつ軽量化することができます。また1000回の繰り返し曲げ試験後も、アンテナ性能を維持するフレキシブル性を示しました。

チタン酸バリウムは炭酸バリウム、炭酸ストロンチウム、酸化チタンを原料に人工的に作られる鉱物です。一方、銀ナノワイヤー複合ナノペーパーは、紙やナノセルロースなどの再生可能資源に銀ナノワイヤーを添加して作られます。今後、次世代ウエアラブルエレクトロニクスに貢献する小型・フレキシブルなデバイスとして、さまざまな用途が考えられています。

要点BOX
- ●空隙のないナノセルロースは比誘電率が高い
- ●銀ナノワイヤーを加えると、さらに比誘電率が上昇する

銀ナノワイヤー添加ナノペーパー

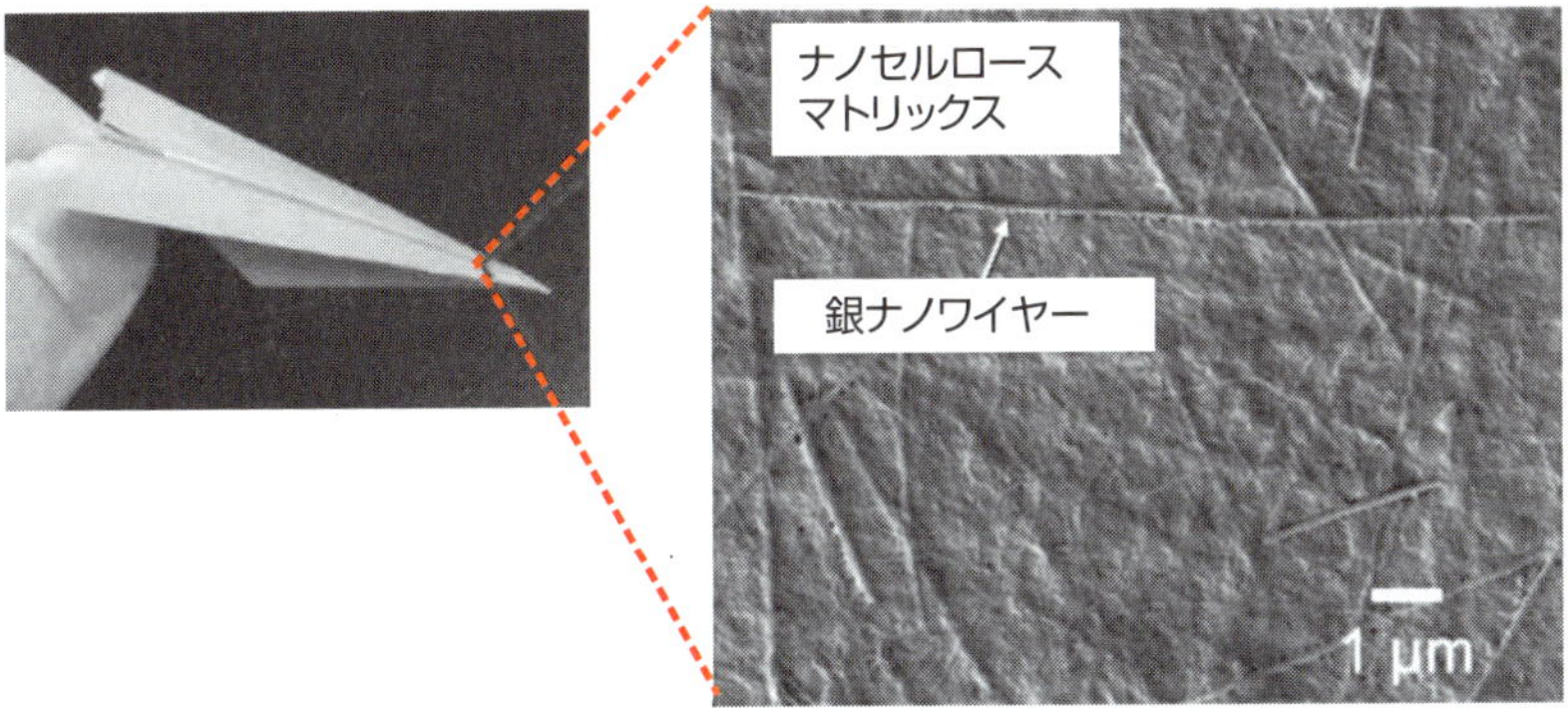

*k*value@1.1 GHz
5.3 → 726.5
銀ナノワイヤー添加 2.5 vol%

銀ナノワイヤー添加量と比誘電率の関係

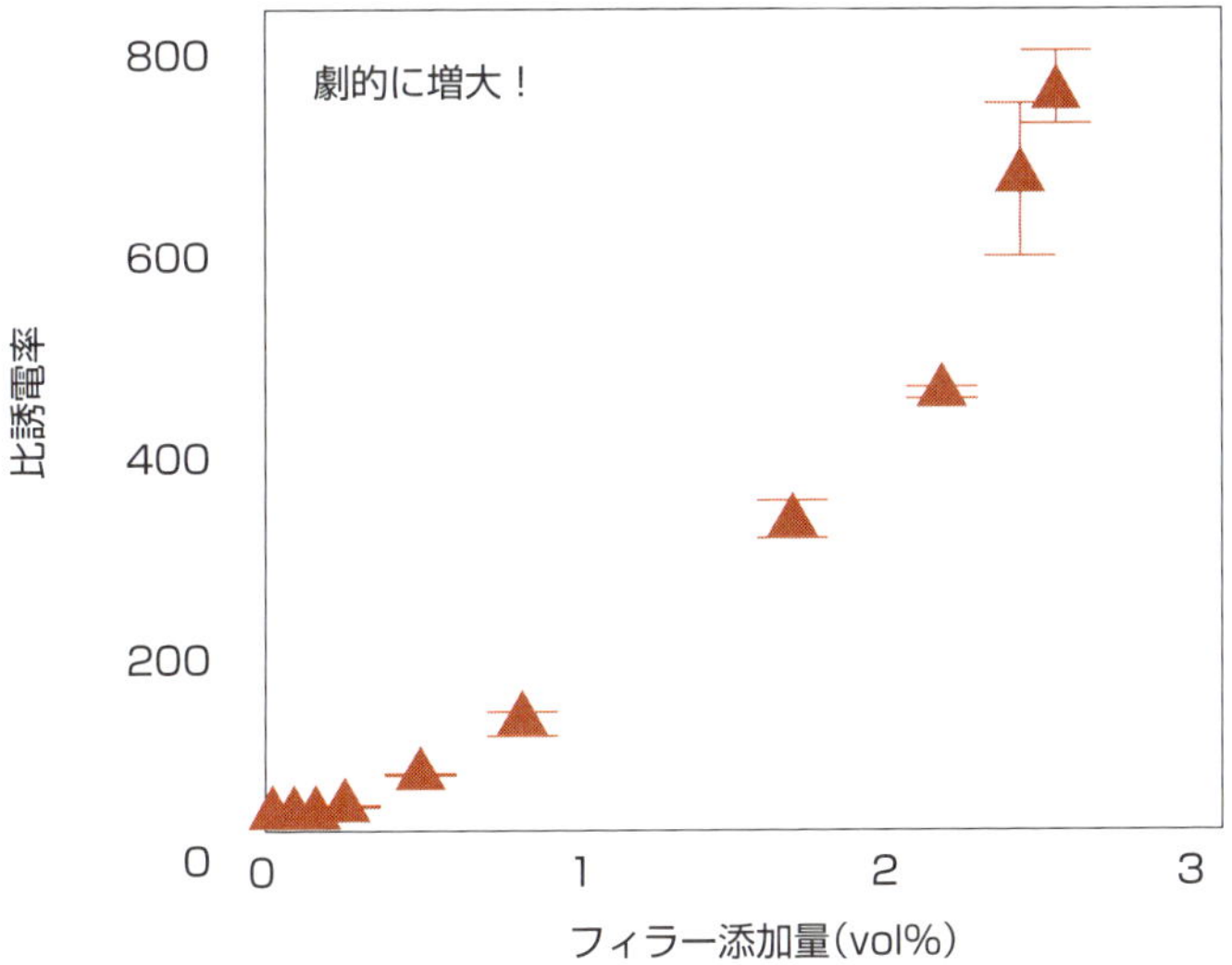

銀ナノワイヤーの添加により比誘電率がアップ

用語解説

誘電率と比誘電率：極板間に詰められた媒質の誘電分極のしやすさで、値が大きいほど多くの電荷を蓄えられる。ある媒質の誘電率と真空の誘電率の比を比誘電率と言い、値が大きいほど電荷を蓄えやすい

導電性と誘電性：導電性は電気の通しやすさ、誘電性は電気を蓄えやすさのこと。誘電性のある物質に電気を蓄えるには、誘電性のある物質の両側に電気を通さない物質（絶縁性のある物質）ではさんで電圧をかける必要がある

55 感度の良いバイオセンサーが続々登場

電気信号で読み取る

ナノセルロースのハイドロゲルと、カーボンナノチューブ、ポリアニリン、銀ナノ粒子などの導電性のある材料を複合化し、バイオセンサーやバイオアクチュエーター、ナノ発電デバイス、電極などとして使う研究が進められています。ここでは、中国の華中科技大学で行われているバイオセンサーの研究を紹介します。

過酸化水素は多くの産業界で使われる一方で、その有害性が報告されており、正確かつ迅速に測定するニーズがあります。バクテリアセルロース（BC）を硫酸で分解したBCウィスカーと多層カーボンナノチューブ（MWCNTs）の複合フィルムを作り、ここにミクロペルオキシダーゼ-11（MP-11）という酵素を結合させ、過酸化水素の濃度を電気信号に変えるセンサーを製作しました。

MWCNTsにBCを加えることで酵素が結合しやすくなるほか、複合フィルムはMWCNTs単独の場合に比べて生体適合性が向上しています。このセンサーでは0・1~250㎛の範囲で過酸化水素を測定することができますが、これはすでに報告されているセンサーに比べて、検出下限濃度が低くなっています。

次は、BCとポリアニリンを複合化した、ハイドロゲルを用いた小型のセルフパワーセンサーです。形状の変化を電気信号に変えることができます。例えば、このセンサーを靴底に取り付けると運動の様子を検出でき、人が歩く・走る・止まる状況を正しく検知できます。

ハイドロゲルを用いた電子デバイスの研究は、ヒアルロン酸、キトサン、コラーゲンに導電性のある材料を混ぜることで行われてきました。ナノセルロースのハイドロゲルが、これに代わる材料、もしくは添加により性能を改善する材料として注目を集めています。

要点BOX
- ●ナノセルロースと導電性材料を複合化して製造
- ●ナノセルロースの生体適合性、親水性、生分解性に注目しよう

セルフパワーセンサーの構造

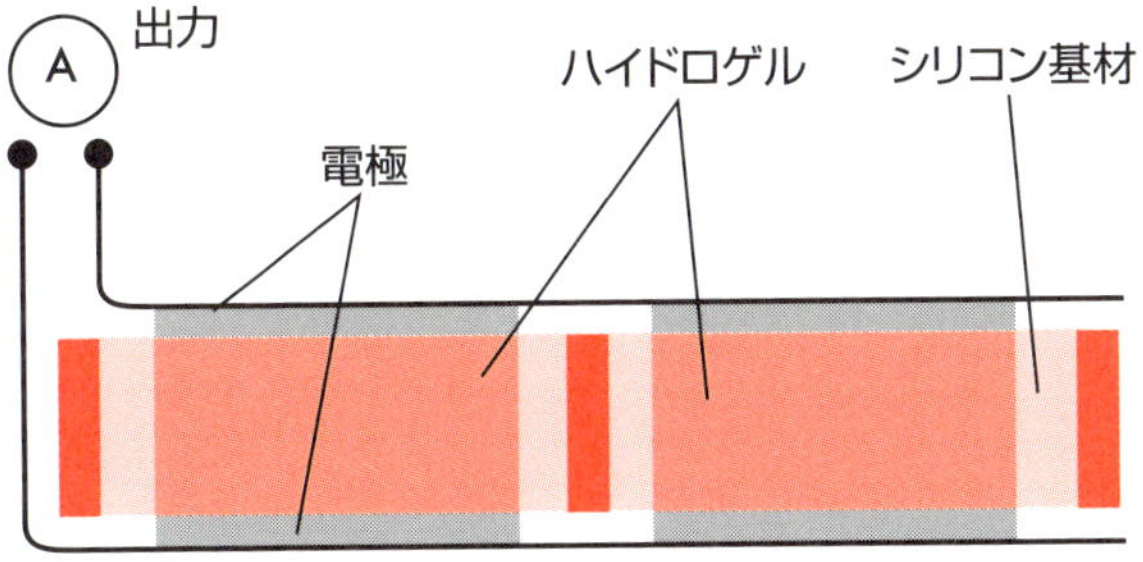

ハイドロゲル間の形状変化を電気信号に変換

用語解説

多層カーボンナノチューブ：炭素原子が網目のように結びついてできたグラフェンのシートが筒状になり、さらにそれが 2 層以上になったもの。導電性がある

ポリアニリン：導電性高分子の 1 つ。六員環の間にイミン窒素原子 (=N-) とアミン窒素原子 (-NH-) が含まれる。重合度は 1,000 以上

56 病原性細菌の検出と殺菌に役立つ

比表面積が大きい
CNFの特性を活かす

比表面積が大きく、表面に官能基を持つというセルロースナノファイバー（CNF）の性質を利用して、CNFの表面にバクテリオファージを固定化し、特定の病原性細菌の検出と殺菌に使うための研究が行われています。

バクテリオファージはウイルスの一種で、特定の細菌の表面に結合し、その細胞壁を溶かすことで細胞を死滅させる性質があります。細胞壁を溶かすことから、この現象を溶菌と呼んでいます。

バクテリオファージにはさまざまな種類があり、それぞれ結合する細胞が決まっています。例えば、同じ種に属する細菌でも種類によって、バクテリオファージによって死滅するものとしないものがあります。これを宿主選択性が高いと言いますが、この性質を利用して、特定の病原性細菌の検出と殺菌に応用することができます。

まず、CNFのシートあるいは多孔質を作り、その表面にバクテリオファージを結合させます。このとき最初にCNFの表面を改質して、カルボキシメチル化を行います。そうすることで、CNFの表面には多数のカルボキシ基が存在することになります。

続いてポリアミドポリアミンエピクロルヒドリン樹脂を用いて、バクテリオファージを固定化しますが、CNFは比表面積が大きいため、多数のバクテリオファージを固定化することができます。なお、紙の表面にバクテリオファージを固定化することも検討されましたが、うまくいきませんでした。CNFが持つ特性を活かすことで、初めて実現した用途であると言えます。

これを使って、水中あるいは空気中の特定の細菌だけを検出し、溶菌することが考えられています。将来は、空気清浄機や水の殺菌装置への応用が期待されているようです。

要点BOX
- ●CNFの表面にバクテリオファージを固定化し、病原性細菌の検出と殺菌に用いる
- ●空気清浄機や水の殺菌装置への応用に期待

バクテリオファージによる溶菌のメカニズム

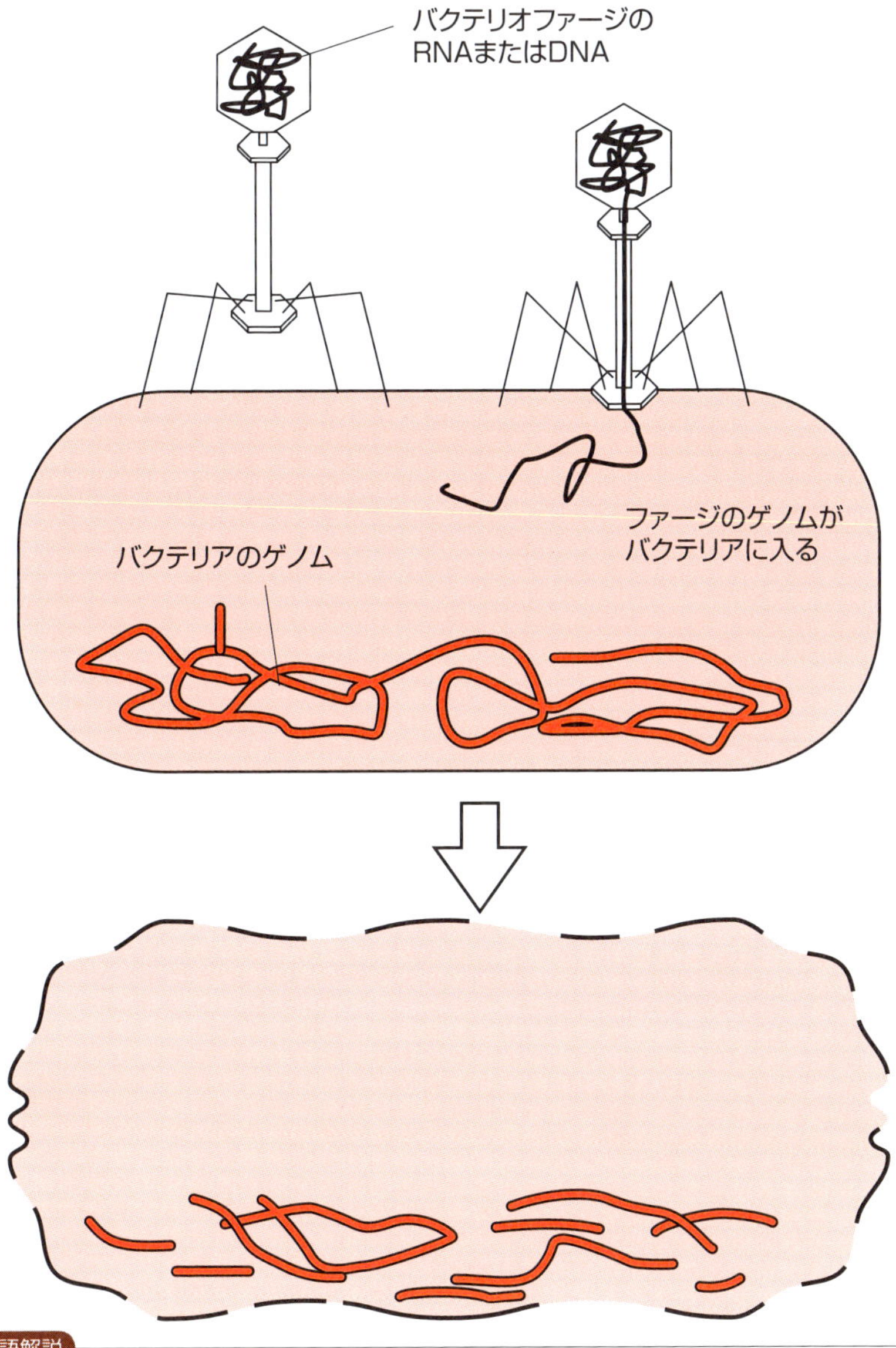

用語解説

官能基：カルボン酸のカルボキシル基 -COOH 、アルコールの水酸基 -OH 、ケトンのカルボニル基 –CO、アルデヒドのアルデヒド基 -CHO など。セルロースが持つ水酸基を置換することで、さまざまな官能基を導入できる

バクテリオファージ：細菌に感染するウイルス。大きさは 25 ～ 250nm 程度。特定の細菌に感染し死滅させることができ、その選択性が高い。細菌感染症への治療薬として一部実用化されている

57 ドラッグデリバリーシステムの基材になる

安全かつ安定して運べるのはCNFのなせる業

ナノセルロースファイバー（CNF）は比表面積が大きく、表面に多くの官能基を持ち、3次元構造をしています。そのため少ない量のCNFに、大量の物質を選択的に結合させることができます。

また、水分を多く含んだ3次元構造のハイドロゲルを作ることができ、結合した物質を安定な状態に保つことが可能です。さらに、pHや温度によって結合状態やハイドロゲルの形状が変えられ、ハイドロゲルへの物質の吸着と脱着が制御できます。これらの特徴を活かし、CNFをドラックデリバリーの基材として用いるための研究開発が行われています。

1つ目の例は、ポリドーパミンという人体に無害な物質を架橋剤として用い、ポリドーパミンの表面に目的とする薬剤を結合させた後、CNFと混ぜることによりハイドロゲルを作ります。こうすることで薬剤を安定な状態にします。これを摂取して薬剤が作用すべき部位まで輸送した後、体内のpHの変化などにより、ポリドーパミンと結合した薬剤を放出します。

2つ目の例は、温度やpHによって収縮と弛緩をする、ナノセルロースのハイドロゲルを使ったドラックデリバリーシステムです。TEMPO酸化触媒で作ったCNFと、セルロースミクロフィブリルから3次元ハイドロゲルを製造します。このハイドロゲルに薬剤を入れて輸送し、目的の場所でハイドロゲルを収縮させて薬剤を放出します。

ドラックデリバリーシステムでは、薬剤を目的の場所まで安定した状態で輸送し、そこで放出するという使命のほかに、目的の場所で緩やかに長時間放出する、あるいは目的の場所で薬剤濃度を一定に保つなどの役割もあります。ナノセルロースのハイドロゲルには生分解性があり、安全性が確認されたものもあるため、今後は実用化に向けた研究がさらに進むものと思われます。

要点BOX

●比表面積が大きく表面に多くの官能基を持つため、大量の物質を選択的に結合できる
●薬剤の結合と放出を制御できる

ポリドーパミンを使ったドラッグデリバリー

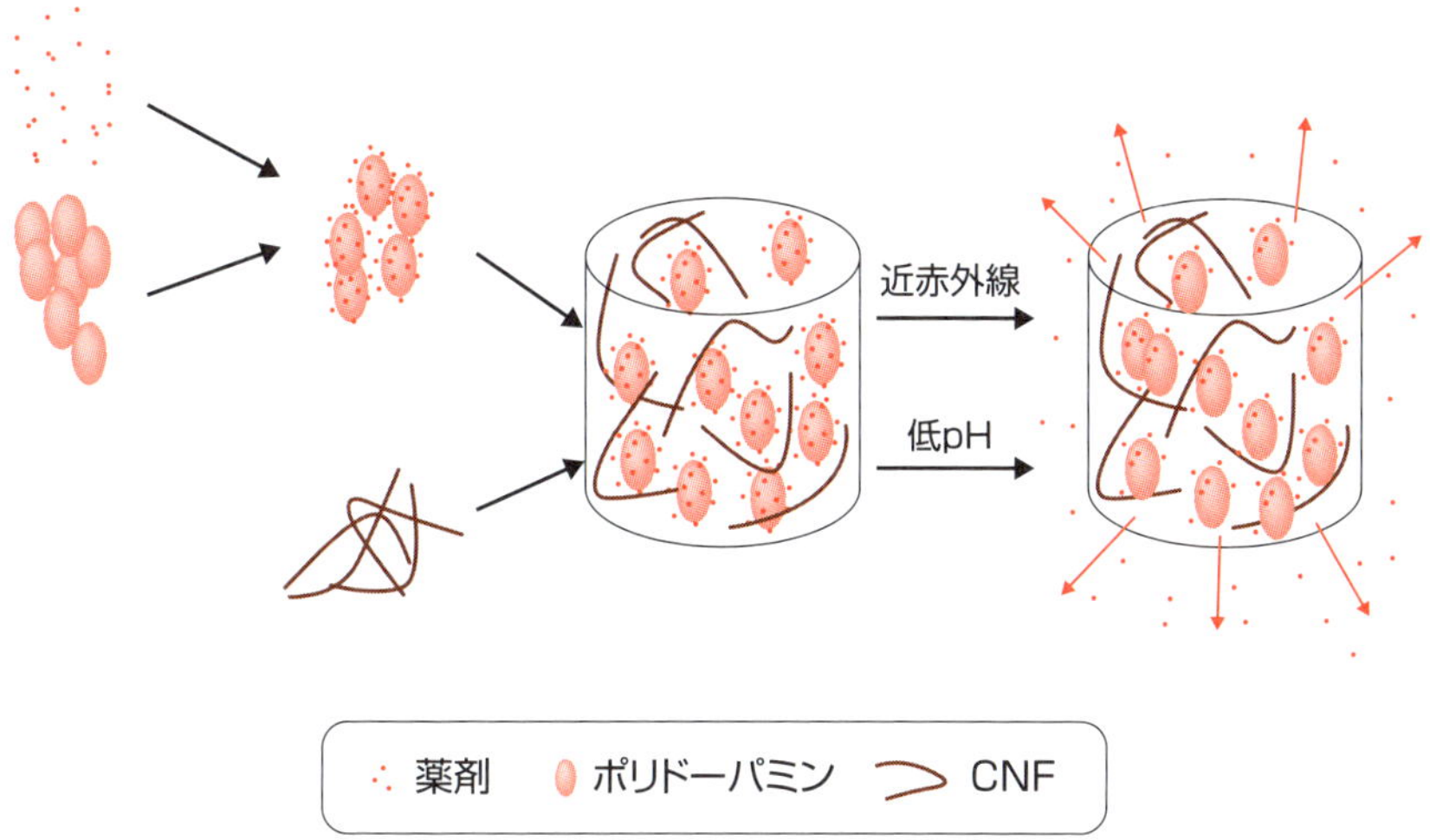

ハイドロゲルの形状変化を利用したドラッグデリバリー

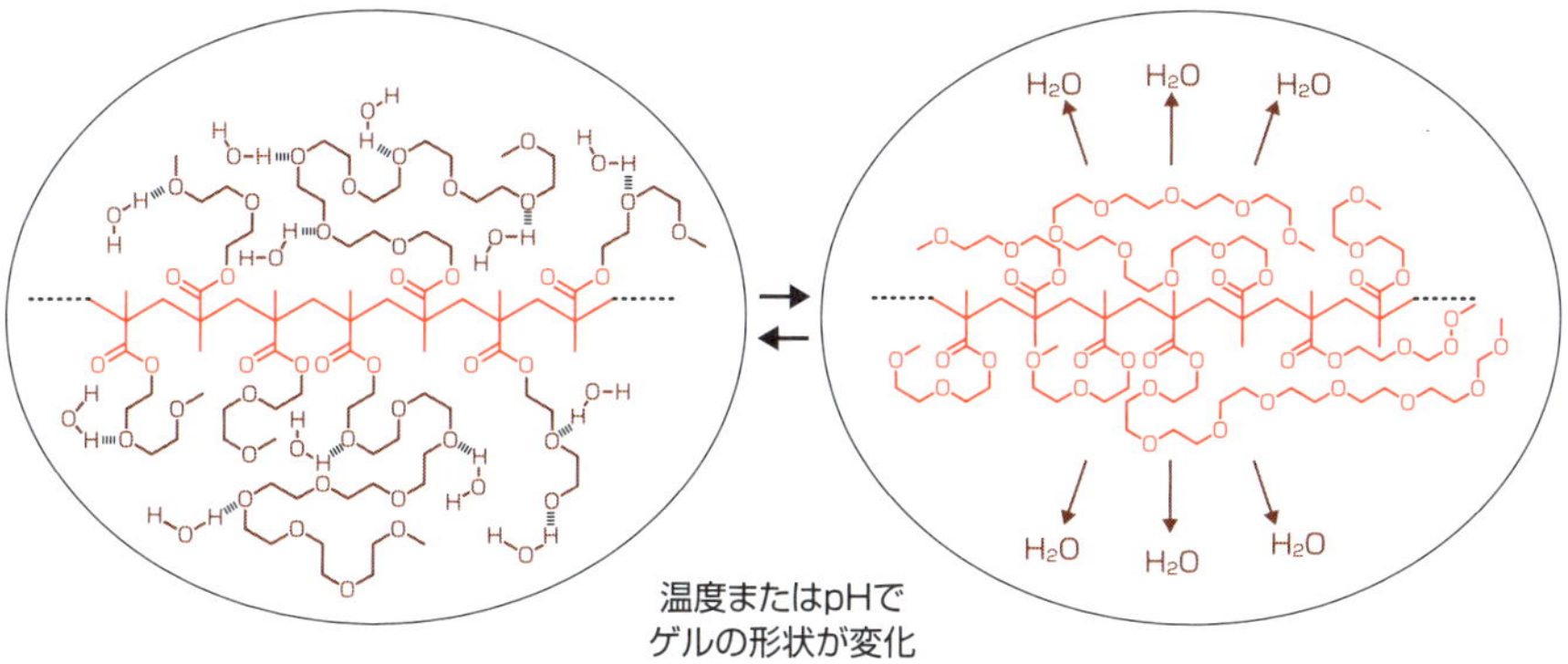

用語解説

ドラックデリバリーシステム：薬を体内の必要な部位へ、必要な量、必要な時間に届くように制御する方法。薬物伝送システムとも言う。これにより薬物の効果の増強、副作用の軽減、摂取量の軽減、使用感の改善などが図られる

ポリドーパミン：体内で作られるホルモンの一種であるドーパミンが自己重合した高分子で、不活性かつ人体に無害と言われる。医療用に多くの用途開発が進められている

58 再生医療を支える創傷被覆材・細胞培養基材

天然由来のナノセルロースは相性抜群

傷口を覆うことで傷口の治癒を促進する材料の総称を創傷被覆材と呼び、さまざまなものが実用化されています。例えば親水性ポリウレタンフォームは、傷からの浸出液を吸収して傷の方向に膨潤するため、傷をすっぽりと覆うことができます。また親水性ポリマーでできたハイドロゲルは、浸出液が少ない傷口を覆うことで乾燥を防ぎ、細胞の再生を促します。このような創傷被覆材にナノセルロースのゲルを使う研究が行われています。

ナノセルロースは比表面積が大きく、3次元の網目構造を形成しているため保水性に優れ、透明フィルム化が可能なことで傷口の状態を観察できます。また治癒効果も良好で、コストも安いと言われています。

創傷被覆材の原料の多くは化石資源から作られていますが、ナノセルロースのゲルは天然資源由来で、生分解性もあります。さらにナノセルロースに導電性を付与することで、皮膚や神経、骨格筋を再生するために電気刺激を与えることができる創傷被覆材も研究されています。

ところで細胞は、医薬品の開発や生産に広く使われているほか、近年は再生医療のために使われることも増えています。細胞をより自然に近い状態で培養するためには、足場となる基材が必要です。多孔質膜やハイドロゲルがすでに使われていますが、ナノセルロースのゲルを細胞培養の基材として使う研究が進められています。

ナノセルロースのゲルは比表面積が大きいため、保水機能に優れており、細胞の増殖に必要な培地成分を効率的に供給することができます。また、3次元的な網目構造を有しているため、細胞を3次元方向に増殖させることが可能です。すでに多くの培養データが得られており、従来の基材と比べて性能が優れているという結果が得られています。

要点BOX
- 3次元の網目構造で保水性が高いため、傷口の再生や細胞培養に適用
- 安価で効率的な供給が可能

創傷被覆材の原理

乾かした場合（ドレッシングなし）

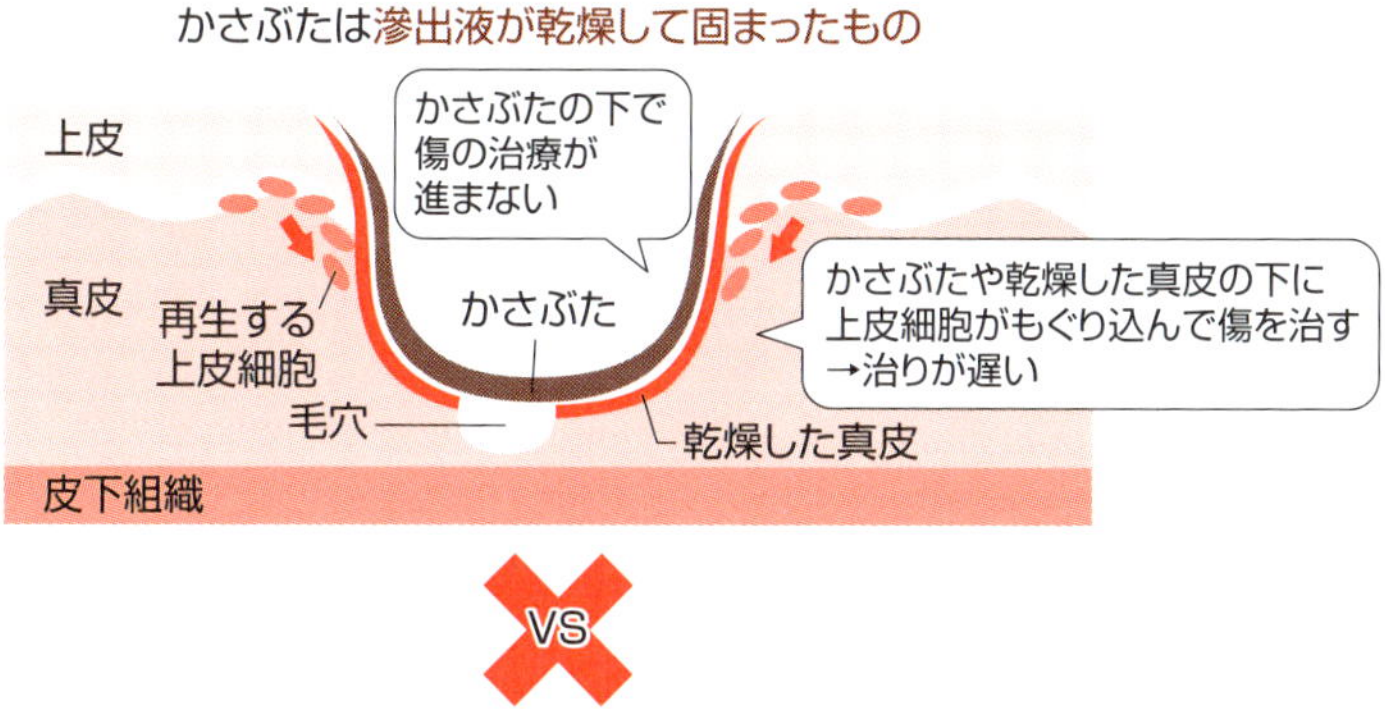

閉塞性ドレッシング（湿潤療法）

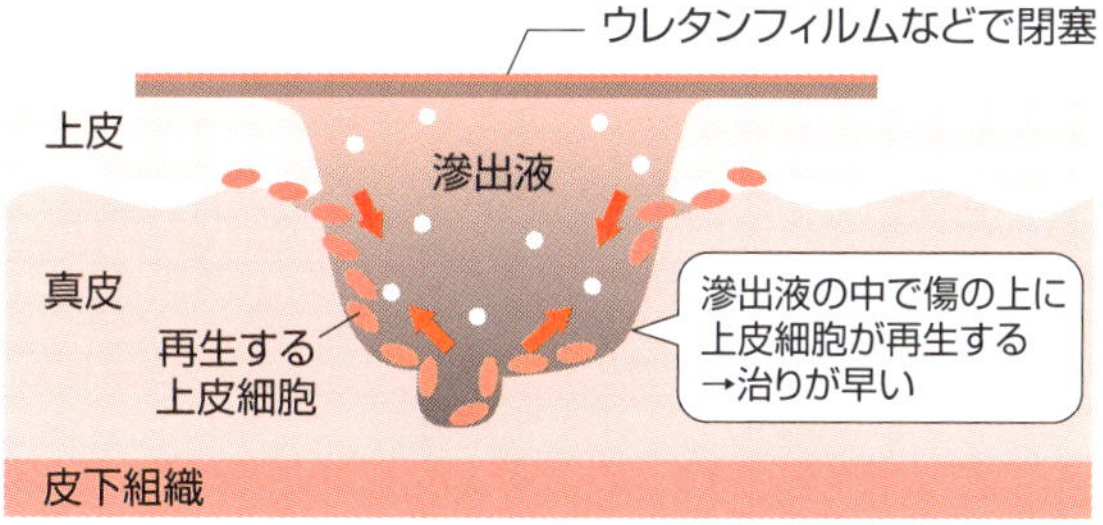

細胞培養基材の原理

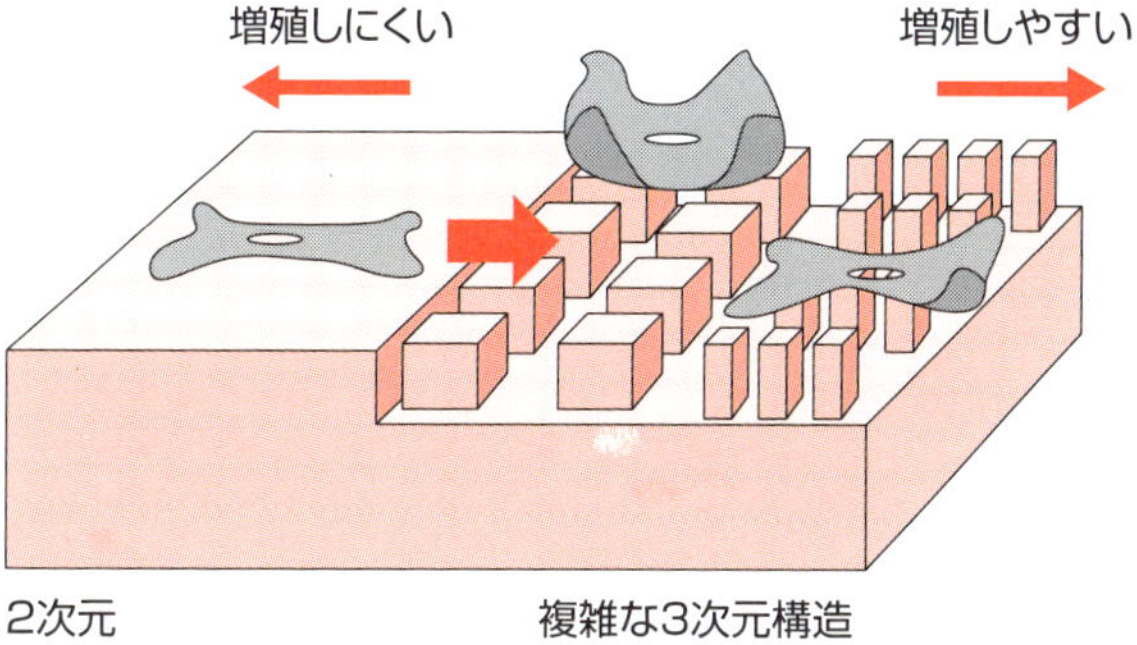

用語解説

細胞培養：多細胞生物の組織や器官から分離した細胞を培養液中で増殖させること。単に培養液中で培養すると、２次元方向にしか増殖しないが、適当な足場を利用することで、細胞の凝集塊を作り、３次元方向に増殖させることができる

59 銀イオンの結合による消臭・殺菌

ナノセルロースの「手」効果を高めるカギは

ナノセルロースは径が非常に小さいため、セルロース繊維と比べると比表面積は大きくなります。化学結合ができる「手」に相当する部位を官能基と言いますが、セルロースの表面にはたくさんの官能基があるため、少ない体積に多くの化学物質を結合させることが可能です。

この性質を利用して、消臭・殺菌機能のある銀イオンをナノセルロースの表面に結合させます。これをシート化することで、消臭・殺菌機能の極めて高い材料をつくることが可能です。

日本製紙クレシアでは、これを用いた大人用紙おむつ、パンツ、パッドを世界に先がけて商品化しました。同社によると、硫化水素を使った消臭試験で、従来品に比べ3倍の消臭効果が得られたとのことです。

ところで、銀イオンによる消臭には2つのメカニズムが考えられます。1つ目は、臭いのもととなる化学物質が銀イオンと結合することで、臭い成分の放散を防ぐことによるものです。硫化水素やアンモニアに対する消臭機能はこのメカニズムにより行われます。

2つ目は、細菌の増殖を抑える（抗菌作用）あるいは殺菌することで、細菌による臭い物質の発生を防ぐことによるものです。

尿や汗、皮脂に含まれる成分は細菌によって分解され、臭いの原因物質になります。また細菌が増殖することで、腐敗臭の原因となる物質が合成される場合があります。銀イオンはこうした2つのメカニズムによって、消臭効果を発揮しているものと考えられます。

このようにセルロースナノファイバーを使うことで、少ない体積に多くの銀イオンを結合させることが可能になり、高い消臭・抗菌効果が得られることが期待されています。

要点BOX

- ●比表面積が大きく、多くの化学物質を結合できる性質を利用
- ●消臭・殺菌効果を紙おむつなどに応用

銀イオンによる化学吸着メカニズム

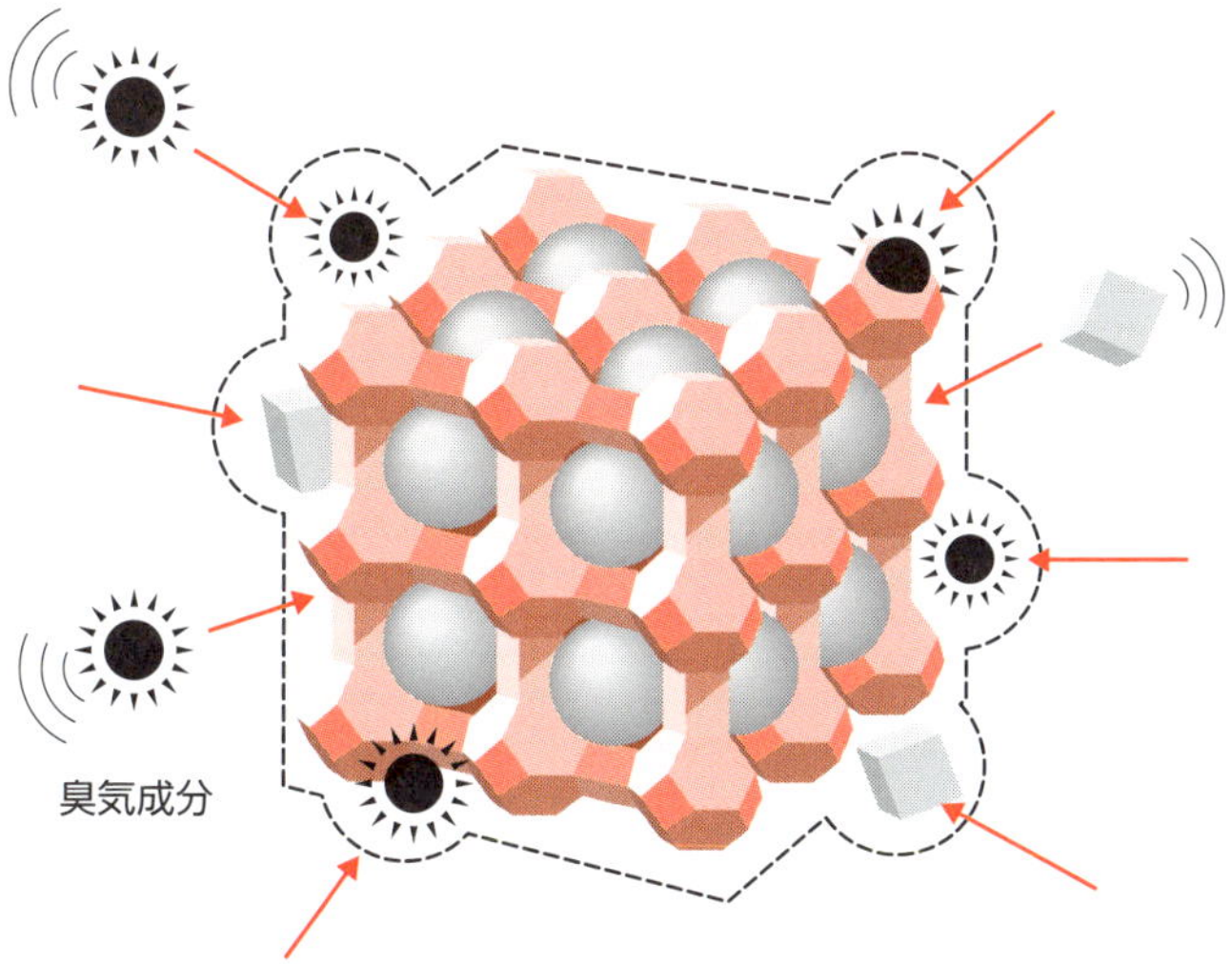

銀イオンの殺菌・抗菌作用による消臭メカニズム

銀イオン・ナノシルバー無配合／抗菌なし

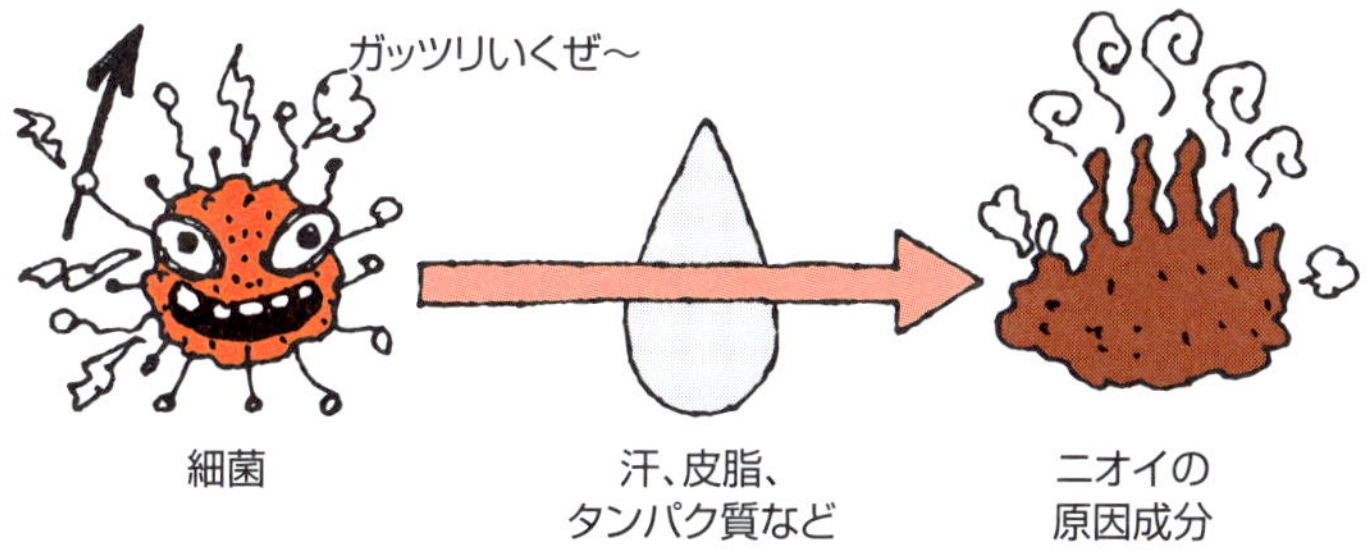

抗菌性がないと、細菌が汗などを分解してニオイの原因成分が発生

銀イオン・ナノシルバー配合／抗菌あり

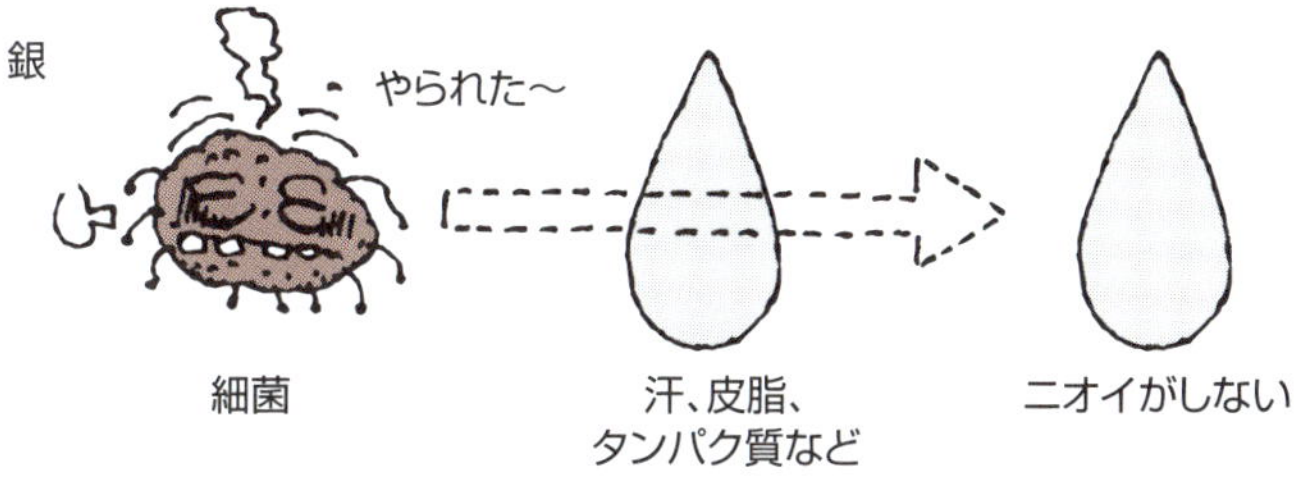

抗菌性があると、細菌が汗などを分解できないので、ニオイの原因成分が発生しない

60 人工関節の耐久性を高める

15〜20年と言われる製品寿命をいかに延ばすか

超高分子量ポリエチレン（UHMWPE:Ultra High Molecular Weight Polyethylene）は分子量が100〜700万のポリエチレンです。耐衝撃性や耐摩耗性、自己潤滑性、寸法安定性に優れていることから、人工関節の材料として用いられています。このUHMWPEにセルロースナノクリスタル（CNC）を4％混ぜると、摩擦係数が下がる一方で耐久性・生体適合性がともに向上することがわかりました。

もともとUHMWPEは耐衝撃性・耐摩耗性に優れ、CNCを添加しても材料そのものの強度は大きく変わりません。一方でCNCは親水性、UHMWPEは疎水性を示し、CNCを混ぜることで接触角がわずかに減少します。すなわち複合材料は疎水性が減少したことになります。人工関節は常に摩擦状態にありますが、CNCを加えることで摩擦係数が減少しました。

また安全性の点から、摩擦の結果生じる微粉体の数とサイズは重要です。CNCを添加することで微粉体の個数が減少し、サイズが小さくなることもわかりました。これは摩擦係数の減少に伴い、耐摩耗性、耐久性が向上したことになります。人工関節の耐用年数は15〜20年とのことで、これを改善できる可能性があります。

さらにCNCを添加したUHMWPEと、添加しないUHMWPEについて、炎症の起きやすさと骨細胞の生成に対する影響を調べました。すると、CNCの添加で炎症の発生は減り、また骨細胞の生成への影響はないという結果が得られたのです。

この研究では平均径が10ナノメートル（nm）、平均長さが102nmのワタから酸加水分解で製造したCNCが使われています。添加するナノセルロースの種類を変えることで、さらなる性能向上が期待できるかもしれません。

要点BOX

- 超高分子量ポリエチレンにセルロースナノクリスタルを混ぜることで摩擦係数を低減
- 人工関節の耐用年数を改善

人工関節の例

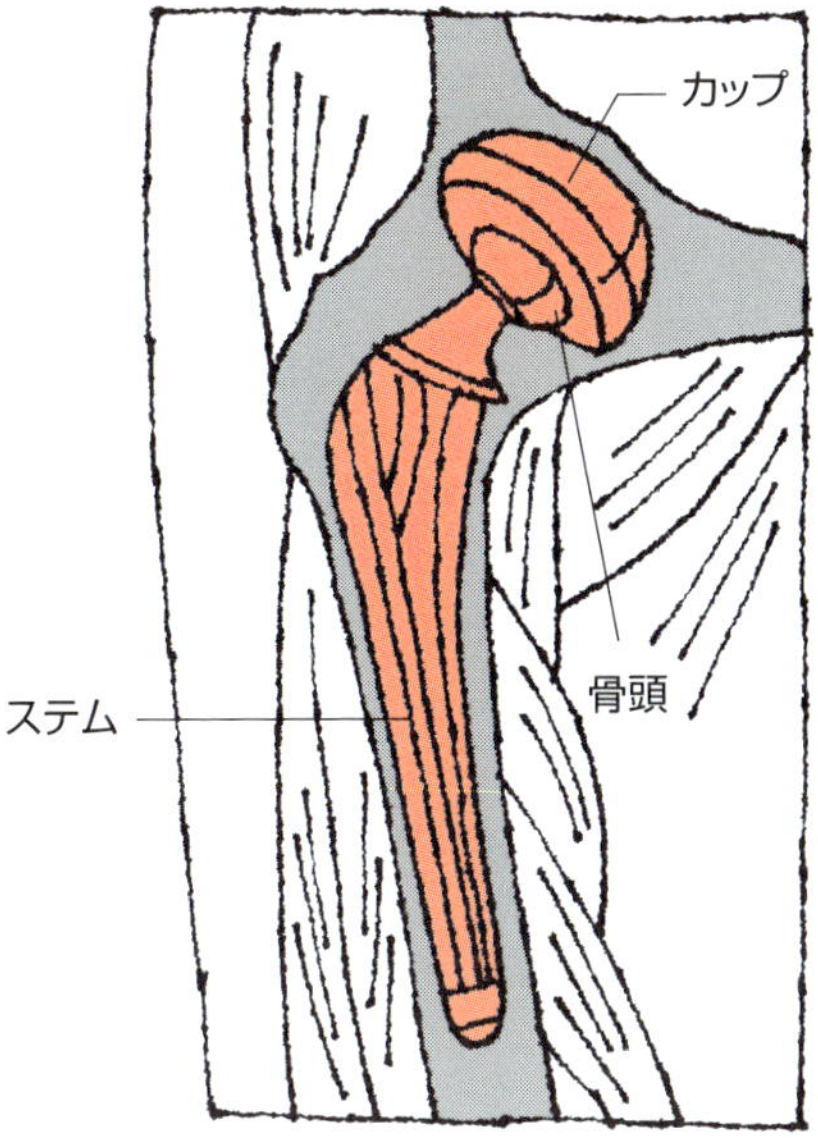

セメントを使用しない人工股関節

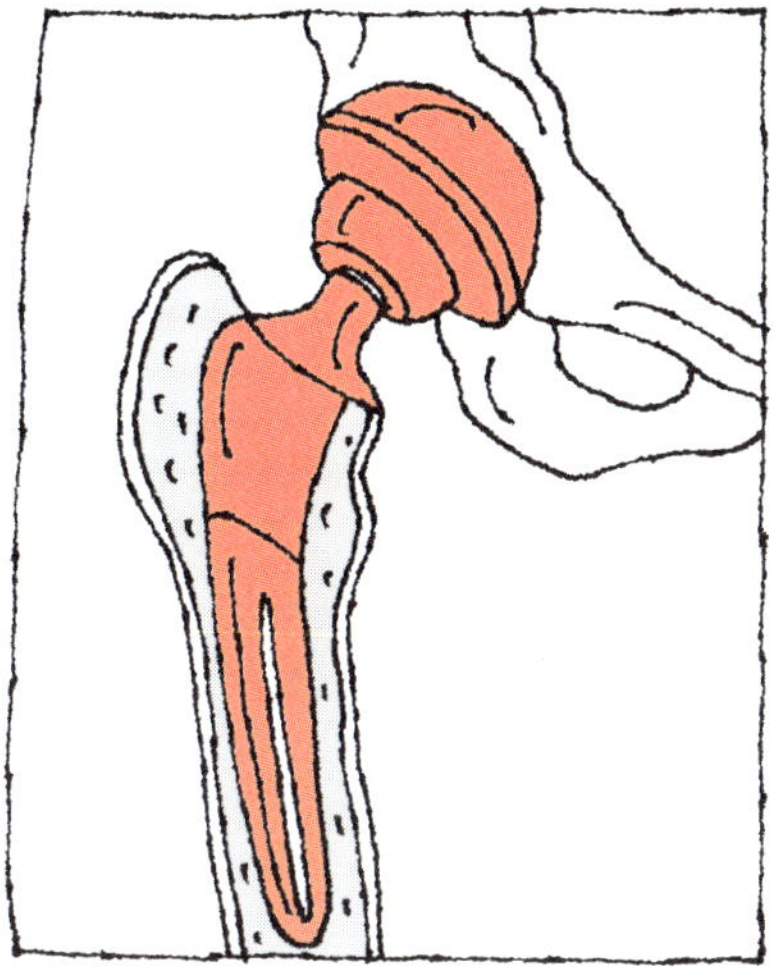

セメント固定（大腿骨側）する人工股関節

CNCで摩擦係数が下がる原理

CNCがある場合　カップ部　CNCがない場合

用語解説

人工関節：変形性関節症、関節リウマチ、骨折などで変形した関節の表面を入れ替えるために、金属やセラミック、ポリエチレンなどで作ったもの。人工関節手術は世界で年間 100 万例以上行われる

摩擦係数：滑りにくさを表す数値で、値が大きいほど滑りにくい。接触面に働く摩擦力と、接触面に垂直に作用する圧力（垂直抗力）の比

61 化粧品原料としての新たな役割

安定化、液垂れ防止、付着性向上が三大機能

化粧品には多くの原料が含まれていますが、セルロースは研磨・スクラブ剤、吸着剤、抗ケーキング材、増量剤、安定化剤、剥離剤、不透明化剤、潤沢剤、表面改質剤として広く使われています。またセルロースを酢酸エステル化した酢酸セルロースも、被膜形成剤、研磨・スクラブ剤としてすでに使われています。ここで言うセルロースとは、植物由来のセルロースを精製してミクロフィブリル化したものです。繊維径は数μmから数十μmで、結晶セルロースとも呼ばれています。

ミクロフィブリル化セルロースがすでに化粧品原料として使われているのに、さらに繊維径を小さくしたナノセルロースを化粧品原料として使うのはなぜでしょうか。いくつか理由がありますが、その1つがナノセルロースのゲルが持つチキソ性にあります。

チキソ性とは、静置状態では高い粘度を示すにもかかわらず、撹拌したり圧力を加えたりすると、粘度が急激に低下する性質のことです。このため、ナノセルロースを増粘剤として使用した場合に、ゲルでありながらスプレーができ、しかもスプレーした液の液垂れを防ぐことや付着性を向上するなどの効果が期待できます。

また他の増粘剤と比較して、ベタツキのないサッパリした感触が得られることも特徴の1つです。さらに少ない添加量で増粘効果が得られるので、皮膚に塗布した際にカス状物質が出にくいというメリットもあります。

ナノセルロースのチキソ性と増粘性に注目し、化粧品原料として用いる場合は、液体に分散させた状態で用いることになり、人体に直接入る可能性は低いと思われます。また、これまでさまざまな種類のナノセルロースについて、皮膚刺激性や皮膚感作性のテストが行われていますが、有害危険性があったという報告はなされていません。

要点BOX

- ●化粧品にはセルロースと酢酸セルロースが広く使われている
- ●ナノセルロースが持つチキソ性と増粘性に注目

化粧品としての利用イメージ

粘度が高いのにべたつかない
なんて
とっても使いやすいわ・・・

用語解説

抗ケーキング剤：ケーキングとは粉体などが固まること。化粧品に含まれる抗ケーキング剤は、製品が固まったり粘着性を帯びたりするなど、変質を防ぐために添加される

62 食品添加物として4つの物性を発揮

おいしさが長もちするように

日本国内で、食品添加物として認められているナノセルロースは2つあります。各社が販売するカルボキシメチルセルロースと、ダイセルファインケムが販売する微小繊維状セルロース（登録商標名：セリッシュ）です。ここではセリッシュの利用例について、セリッシュが持つ物性ごとに紹介します。

セリッシュはセルロースナノファイバー（CNF）の一種で、水分散液として供給されています。粘性や保水性、保型性、分散安定性などの物性を持っています。

まず粘性についてですが、食品に対してサッパリとした食感、時間や温度変化に対する安定性、酸・塩などに対する安定性、他の増粘剤との調和性を与えるという特徴があります。これらの特徴を活かして、レトルト食品やソース、ゼリー、あん、ジャム、冷菓、乳加工品、油脂加工品に利用することが可能です。

CNFが持つ保水性は、食品に対してジューシー感やシットリ感を与えるとともに、冷凍した際に食品から水が出てしまう（離水）ことを防止する効果があります。この効果を活かして、水産練製品や食肉加工品、ゼリー、あん、ジャム、冷菓、乳加工品、油脂加工品に用いられます。

保型性は、ゼリー強度の向上や煮くずれの防止、食品の割れ・崩壊の防止、付着防止などに効果があり、水産練製品やゼリー、あん、ジャム以外に、パン、麺類、菓子にも使われます。

また、分散安定性は成分の沈降防止や組成の均一化に効果があるとのことです。ゼリー、あん、ジャム、冷菓、乳加工品、油脂加工品のような液体（ゲル状や冷凍状態のものも含む）に効果を発揮しています。多様化する消費者ニーズを踏まえ、食品メーカーにおいてもさまざまな組合せを模索しているところです。

要点BOX

- 食品添加物として粘性、保水性、保型性、分散安定性を与える
- 幅広い食品分野で利用が可能

「セリッシュ」の水分散スラリー

出所:ダイセルファインケム

「セリッシュ」が持つ物性

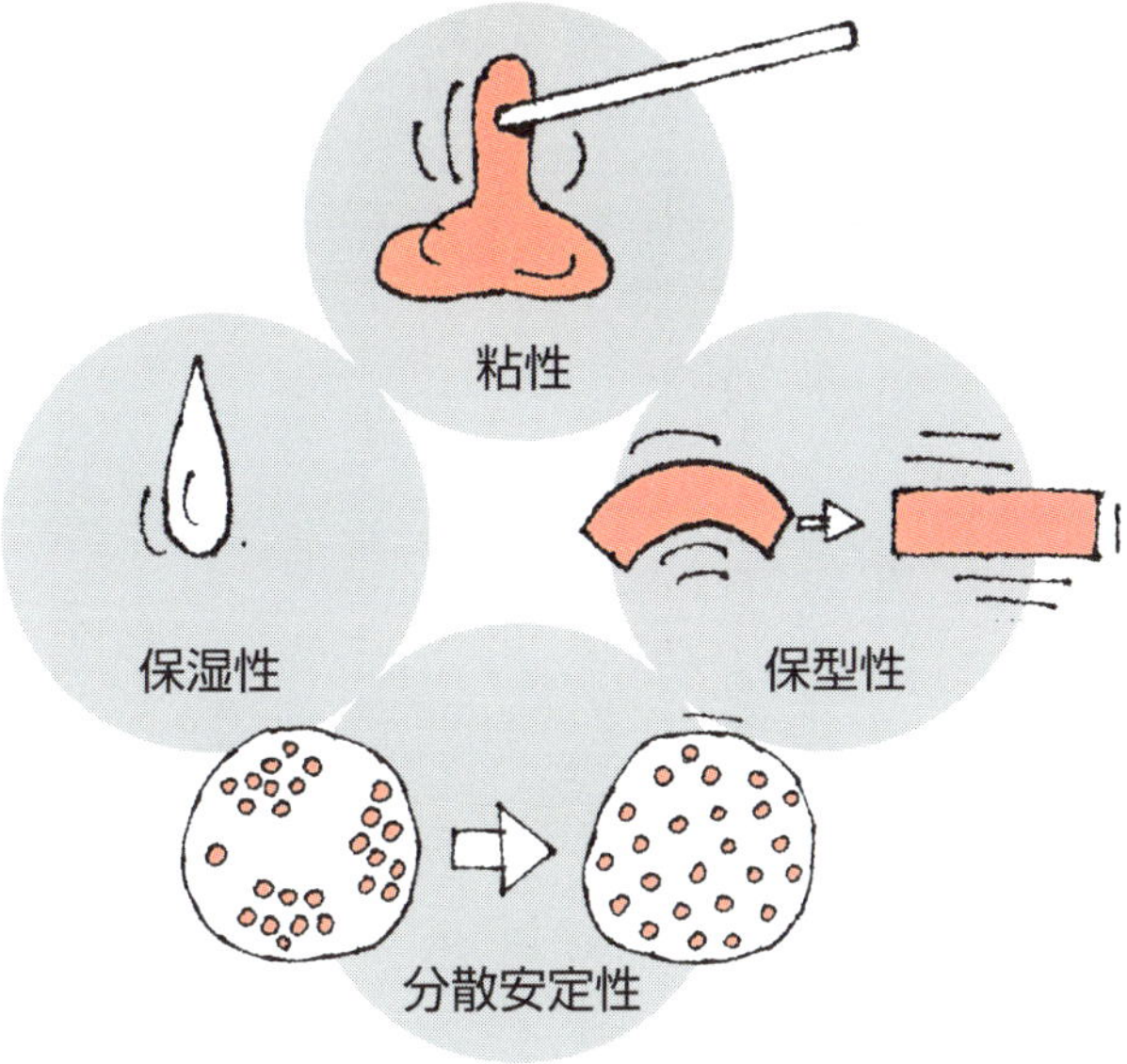

用語解説

食品添加物：保存料や甘味料、着色料、香料など食品の製造過程または食品の加工・保存の目的で使われる。国内で食品添加物として新たに使用する場合、食品安全委員会による評価を受け、人の健康を損なう恐れがないことを確認した上で承認を受ける必要がある

カルボキシメチルセルロース：セルロースのヒドロキシ基の一部にカルボキシメチル基 （$-CH_2-COOH$）を結合させたもの。食品添加物としては増粘安定剤として使用される

63 性能を左右するキラル分離用カラム充填剤

ナノセルロースによる高純度な分離

化学物質には右手と左手のように、互いに鏡像の関係を持つ一対の立体異性体を有する場合があり、これをキラル分子と言います。また、これらの2つの立体異性体をエナンチオマー、あるいは鏡像異性体と呼んでいます。さらに、エナンチオマーの等量混合物をラセミ体と言います。

キラル分子のエナンチオマーは、物質量および結合エネルギーが同じで、物理的性質はまったく同じですが、化学的性質が大きく異なっている場合があります。

例えばサリドマイドという化学物質にはS体とR体がありますが、R体には催眠作用があるため睡眠薬として使用された時期がありますが、S体には催奇性があり、薬害を引き起こすことになりました。エナンチオマーを使用する場合、キラル分離が必要となることがあります。

セルロースは、多数のβ-D-グルコピラノースがグリコシド結合により直鎖状に重合した高分子で、このグルコピラノースユニットには多数のキラル中心があります。またそのポリマー鎖はらせん構造をしており、隣接したポリマー鎖の間には、規則正しい領域を形成することができます。さらにセルロースの官能基を修飾することで、さまざまなセルロース誘導体を作ることができます。このようにセルロースは、高分子材料における立体構造の制御が比較的容易な材料の1つです。

このような理由から、キラル分離を行うためのカラム充填剤にセルロース分子が使われています。ある研究では、カラム充填剤の原料にバクテリアセルロース（BC）を使用しています。一般的に充填剤の粒子径が小さいほど、分離性能は高くなります。また、BCはセルロース繊維の分解ではなく生合成で作られることから、不純物が少ないというメリットがあります。

要点BOX
- ●キラル分子のエナンチオマーの分離に用いるカラムの充填剤に使用
- ●カラム充填剤の径が小さいほど分離性が高い

エナンチオマーの例

エナンチオマー（鏡像異性体）の関係

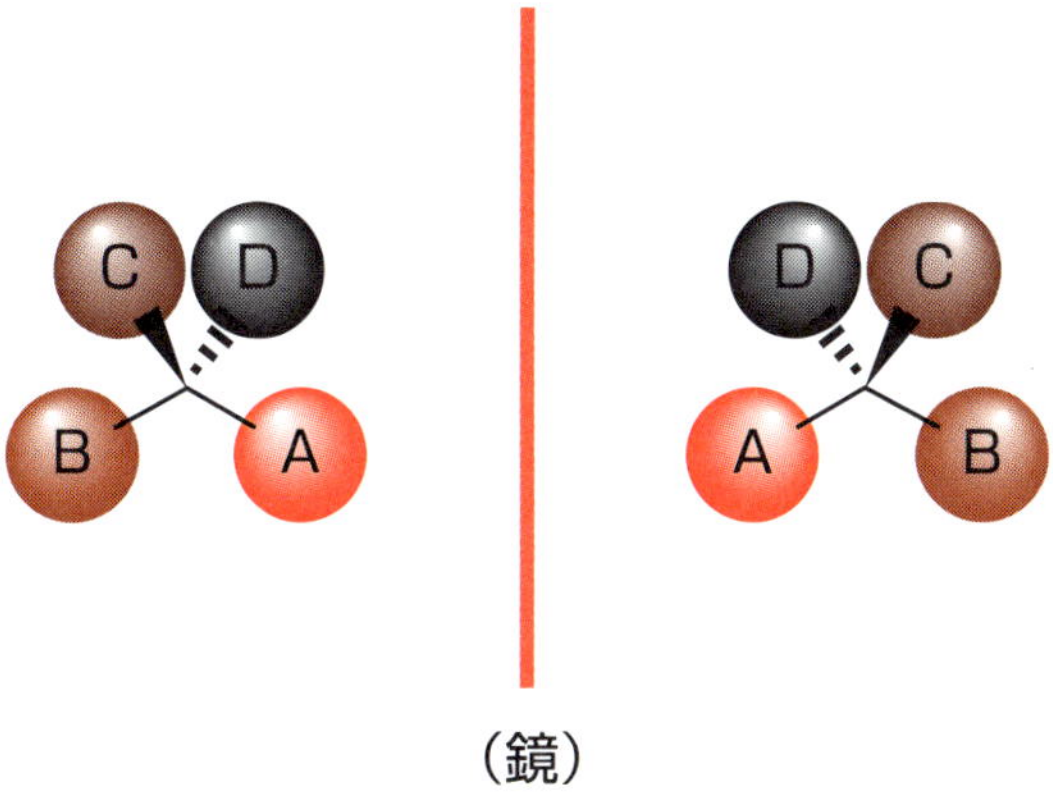

D-グルコピラノースのα体とβ体

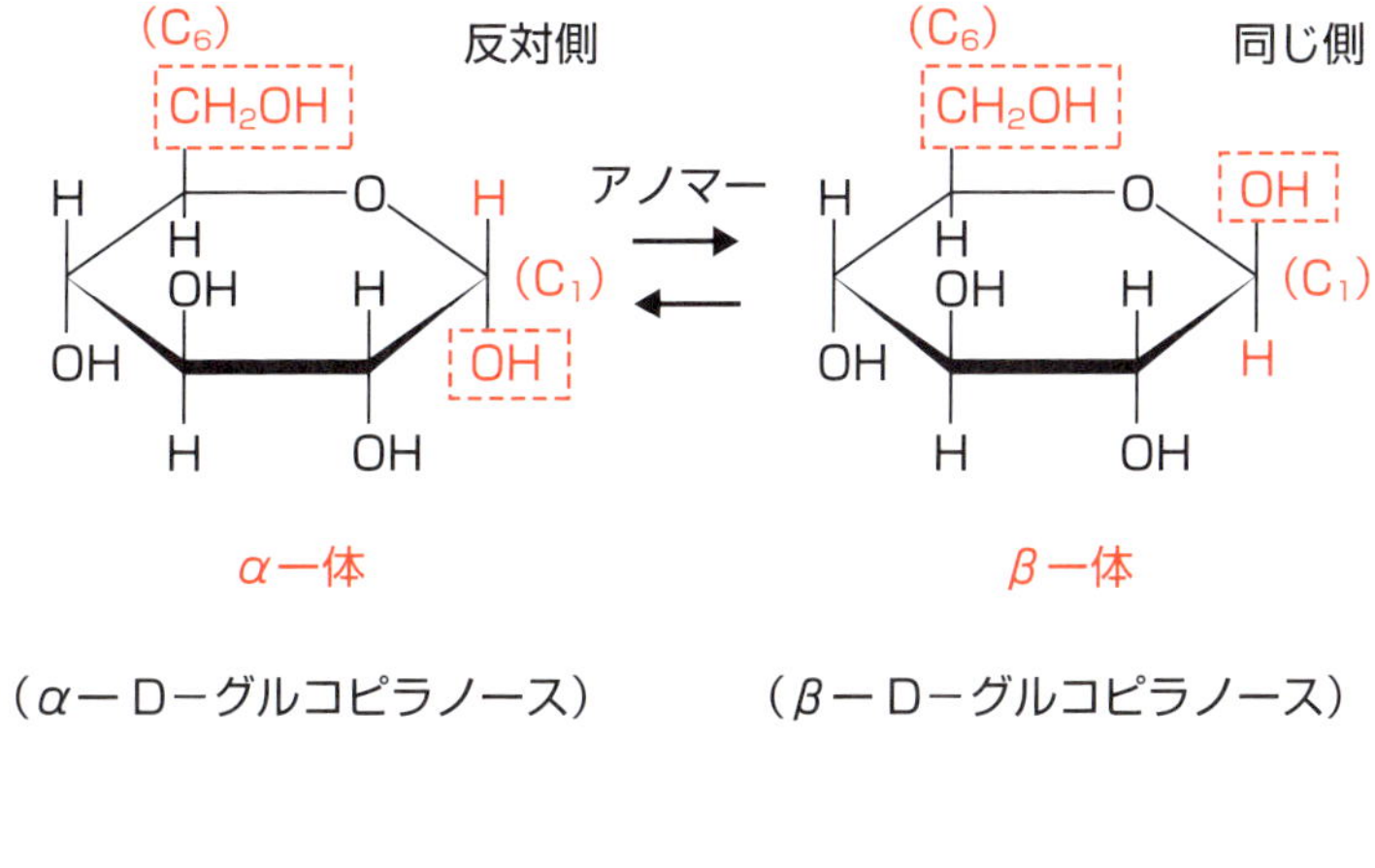

用語解説

グルコピラノース:D- グルコースの炭素原子 5 個と酸素原子 1 個が環状になったもの。立体構造の異なるα-D- グルコピラノースとβ -D- グルコピラノースの 2 種類がある

キラル中心：エナンチオマーあるいは鏡像異性体を生じさせる元となる原子

64 収率の高さが問われる不斉合成触媒

一方のエナンチオマーを選択的に合成

前項では、キラル分子のエナンチオマーを分離する方法について説明しましたが、化学物質を作る段階で一方のエナンチオマーだけを選択的に合成することはできないでしょうか。

有機化学合成でよく使われる反応にアルドール縮合反応があります。触媒として酸、塩基のほかにアミノ酸の一種であるプロリンも使われますが、基質（反応前の物質）10分子に対して3分子と大量のプロリンを添加する必要があります。

ところがTEMPO酸化セルロースナノファイバー（TOCNF）の存在下では、触媒の使用量を大幅に低減でき、しかもキラル分子の一方のエナンチオマーだけを高い収率で得られることがわかりました。TOCNFはグルコースとグルクロン酸の交互共重合体をシェルに持つ、特異的なナノ構造をしています。特に繊維軸に沿って、1ナノメートルごとに規則的にカルボキシ基が並んでいます。TOCNFにプロリン誘導体を反応させると、TOCNFの表面にプロリンユニットが結合します。

4-ニトロベンズアルデヒドとアセトンのアルドール縮合反応では、4-ヒドロキシ-4-（4-ニトロフェニル）-2-ブタノンが生成します。酸、アルカリ触媒やプロリンを触媒とした反応では、S体とR体が混ざったラセミ体が合成されます。

TOCNFの表面にプロリンユニットが結合したものを触媒として用いると、S体が87・6％と高い収率で得られました。詳しい機構の解明はこれからですが、カルボキシ基を持つ他の物質では触媒効果がないこと、TOCNFのカルボキシ基をなくすと効果が失われることなどから、TOCNFの表面に配列したカルボキシ基が関与している可能性が高いと考えられています。

今後は、ナノセルロースが持つナノ構造が誘導する新しい用途開発が期待されています。

要点BOX

- キラル分子の一方のエナンチオマーだけを高い収率で得るための触媒
- TOCNFのカルボキシ基が関与

アルドール縮合反応の例

$$2CH_3CHO \rightarrow CH_3CH(OH)CH_2CHO \rightarrow$$

アルドール

$$CH_3CH = CHCHO$$

クロトンアルデヒド

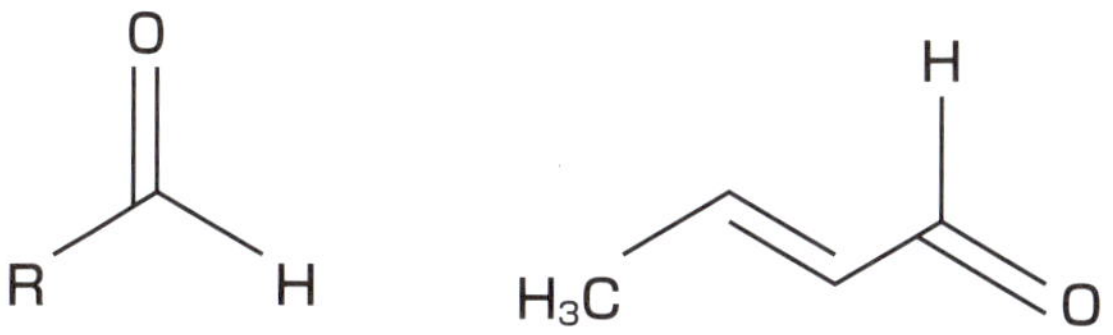

TOCNF表面での不斉合成の機構

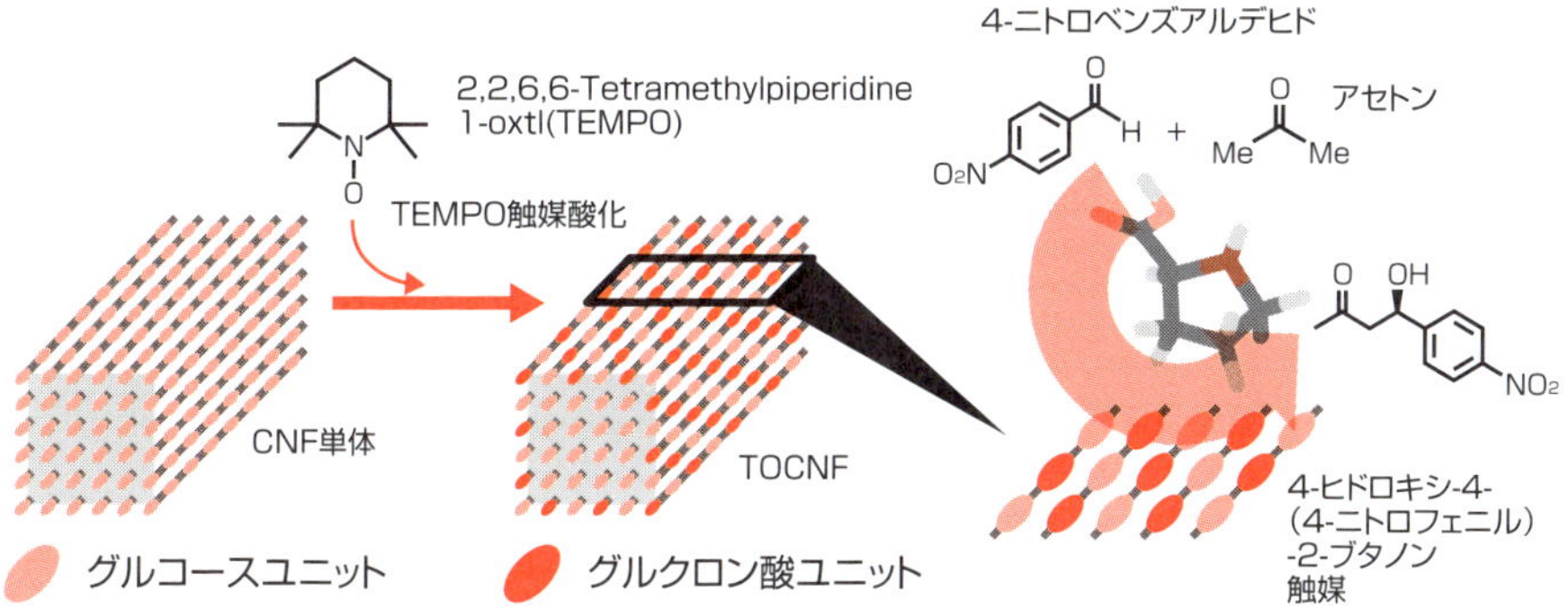

用語解説

不斉合成：キラル分子のエナンチオマーにおいて、いずれか一方の分子のみを選択的に化学合成すること。通常の有機化学反応では、エナンチオマーが等量含まれたラセミ体が作られる

アルドール縮合反応：2 分子のアルデヒドまたはケトンが重合し、β - ヒドロキシアルデヒドまたは β - ヒドロキシケトンを生成する反応

Column

ナノセルロースを使うべき理由はなに？

ナノセルロースのさまざまな特性を活かした製品開発が行われています。この特性以外に、ナノセルロースを使うべき理由について説明します。

1つ目は、ナノセルロースが再生可能資源で枯渇する心配がまったくなく、廃棄後も大気中の二酸化炭素濃度に影響を与えないという点です。セルロースは、空気中の二酸化炭素、水、太陽光エネルギーから作られたもので、これらは地球が破滅しない限り、作り続けられます。またセルロースは、地球上に最も豊富にあるバイオマスであり、炭水化物であり、ポリマーです。すなわち未利用資源として大量のセルロースが地球上に蓄積しています。

現在、私たちの暮らしを支えている材料の大半は、枯渇性資源から作られています。特にプラスチックの原料である化石資源は、現在のペースで使い続けると100~300年後には枯渇する可能性があります。さらに現在の地球温暖化は、大量の化石資源を使用したことが原因です。

2つ目の理由は、生分解性です。これは使用・廃棄された後、自然界で分解されるということです。人工的に作られたプラスチックには、一部を除いて生分解性はありません。燃焼して分解することはもちろん可能ですが、一部は環境に蓄積していきます。次章の67項で触れますが現在、マイクロプラスチックが環境問題として取り上げられています。このようにナノセルロースが環境にやさしい材料であるという点は、もっと評価されてもよいのではないでしょうか。

ナノセルロースは
地球から生まれて地球に還っていく
絶えることのない資源なんだね

第5章 普及に向けて

65 ナノセルロースは安全ですか？

環境中で分解される天然由来の物質

ナノセルロースはセルロース繊維を細かくしたもので、植物などから分解して作る場合も、細菌から生合成する場合も、いわゆる天然由来の物質です。セルロースは紙、繊維、食品として長年にわたり使われてきました。またその構造も、グルコース（ブドウ糖）が重合したものですから、何か有害危険性があるようには思えません。

一方、ナノセルロースは絶対に安全かと言われると、「有害危険性があるというデータはこれまでのところ得られていない」というのが、正しい答えだと思います。

縦・横・高さのいずれかの長さが1～100ナノメートルの物質をナノ物質と言います。ナノ物質は非常に小さいため、そのサイズに起因するリスクがあります。例えば粉末を吸い込んだとき、肺に溜まり、長い時間が経つことで肺に障害を与える、あるいは細胞分裂に影響を与えるなどが考えられます。

安全かどうかの判断は、ある物質が人体や環境に与えるリスクの大きさによって行われます。リスクは、その物質そのものが持つ有害危険性（ハザード）と、人体や環境がその物質にどの程度さらされるかを示す暴露によって判断され、一般的には、有害危険性と暴露の積で表されることになります。例えばある物質の有害危険性が高いとしても、その物質が人体や環境に触れる可能性がほとんどなければ、リスクは低いと言えます。

ナノセルロースはいろいろな用途が考えられていますが、多くの場合、他の物質と混ぜて使用され、ナノ物質の状態で使用されることは多くありません。また、ナノセルロースの一種のナタデココは長年にわたり、食品として利用されてきました。セルロースはプラスチックとは異なり、環境中で分解されます。厳密なリスク評価は現在進められていますが、有害な物質ではないと考えてよいでしょう。

要点BOX

- 有害危険性があるという報告はない
- 安全かどうかの評価（リスク評価）は物質の有害危険性と暴露の積で示される

天然由来の物質

ナノの大きさのまま
使われることはほとんどない
大丈夫

有害危険というデータは
今のところ得られていない
セーフ!!
ナノセルロース

用語解説

有害危険性：発がん性、毒性などの有害性と引火性、爆発性などの危険性の総称。化学品の分類および表示に関する世界調和システム（GHS）ではハザード（Hazard）と呼ばれる

66 規格と表示基準はありますか？

世界共通のものさしでナノセルロースを評価する

世間で売買されるものの多くには規格が決められており、その規格に基づいて品質や成分の表示がなされ、消費者はその表示を目安に商品を購入することが多いようです。身近な例で示すと、ビールと発泡酒は原料と製法によって明確に区分され、発泡酒をビールと表示して販売することは法律違反です。また、アルコール濃度や糖質の量も明示することになっています。

それでは、ナノセルロースについてはどうでしょうか。セルロースナノクリスタル（CNC）については現在、カナダがその特性を表すための項目と測定方法に関する国内規格を作り、一部を国際規格としています。

また第2章で説明したように、ナノセルロース、セルロースナノファイバー（CNF）、CNCといった用語の定義については国際規格ができましたが、これは厳密な意味での国際規格ではなく、正式な規格とするためさらに議論が行われることになっています。

日本のメーカーが主として製造しているCNFについては、まず完全分散したものについて、その特性評価のための項目と測定方法を決めようとしています。ただ、規格になるまでにはまだしばらく時間がかかります。

規格と表示は、商品を取引する際に、その品質を表すためのものです。100gという重量は世界中どこで量っても同じですが、CNFの径についてはどうでしょうか。測定方法や測定条件が異なると、違った値になることはないでしょうか。また、水懸濁液で販売されるCNFの濃度は、どのように測定するのでしょうか。濃度を高く見せるために、別の物質を混ぜる可能性はないでしょうか。

ナノセルロースが材料として取引され、その市場が拡大すればするほど、世界共通のものさしである国際規格は重要になります。

要点BOX
- 特性を表す測定項目と測定方法を規格化する
- 規格化ではCNCが先行し、完全分散したCNFは現在検討中

先行規格の例

カナダには
セルロース
ナノクリスタルの
国内規格が
あるんだね

ん? ん?
どうやって測る?
キョロキョロ

測定方法や測定条件は
これから規格される

67 環境への影響はありますか？

比表面積の大きいナノセルロースは分解されやすい

ナノセルロースは、もともと天然にあったセルロース繊維をナノサイズにしたもの、あるいは細菌で糖類から合成したものです。また、セルロースはセルラーゼという酵素で分解され、グルコースになります。したがって、ナノセルロースの製造、加工、使用、廃棄の過程において、環境に影響を与える可能性は極めて低いと考えられています。

最近、マイクロプラスチックやマイクロビーズによる環境影響が問題になっています。洗顔料や歯磨き粉にはその効果を高めるため、マイクロビーズと言われるプラスチックの顆粒が含まれている場合がありまする。これらは下水処理では分解されず、そのまま環境中へ流出します。またプラスチック製の容器や器具が破砕され、細かくなる場合もあります。多くのプラスチックには生分解性がないため、環境中に存在し続けることになるのです。

一方、セルロースには生分解性があります。草食動物はセルロースを分解する酵素を出す腸内細菌を持っていて、草に含まれるセルロースを消化してグルコースを栄養源にすることができます。また自然界の植物は、枯れるとさまざまな微生物の力で分解されます。特にナノ化され、比表面積が大きくなったナノセルロースは、植物細胞や太いセルロース繊維に比べて分解されやすいと言えます。

セルロースは、二酸化炭素と太陽光と水から作られる天然由来の再生可能資源です。しかも、生分解性があります。人間は石油や天然ガスをもとにさまざまな物質を作り出し、それを利用して豊かな社会を築いてきました。しかし、これらの物質はいずれ枯渇するだけでなく、環境に負荷を与える可能性があります。これまで化石資源から製造していたものを、セルロースをはじめとするバイオマス資源で置き換えることにより、真に持続可能な循環型社会を作ることが可能です。

要点BOX
- ●ナノセルロースは環境中で容易に分解される
- ●製造・使用・廃棄過程で環境への影響は小さい
- ●植物、微生物由来の再生可能資源の1つ

循環型社会への移行

これまでの化石資源依存型社会

●地球温暖化進行
●非循環型

これからのバイオマス利用型社会

●地球温暖化防止
●持続的循環型

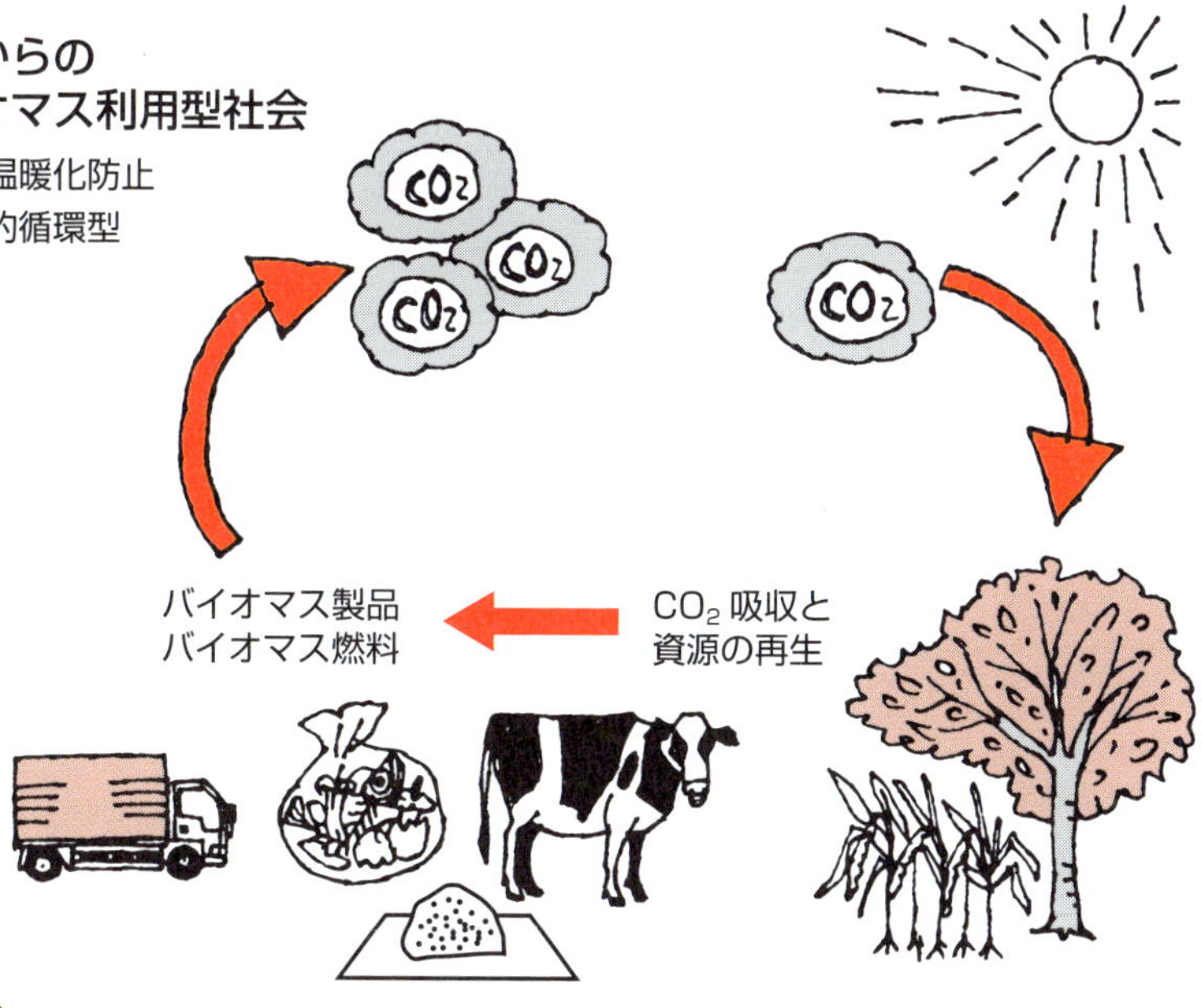

用語解説

マイクロプラスチック：微細なプラスチックゴミで、一般的に径が5mm 以下のものを指す。人間が消費した後も環境中に存在し続け、食物連鎖に取り込まれて生態系に影響を与える可能性が指摘されている

生分解性：自然環境の中で、微生物や酵素によって生物的に分解される性質。自然環境の中で、紫外線や風化によって物理的に分解される性質は生分解性とは言わない

68 持続可能性はありますか？

省エネ・低コストを模索すれば道は開ける

ナノセルロースを積極的に使う動機の1つに、持続可能性があります。ここで持続可能性とは、「資源の消費やそれに伴う環境への影響が適正に管理され、経済活動や福祉の水準が長期的に維持されること」と定義して話を進めます。

ナノセルロースはすべて天然由来の成分ですが、原料と製造方法によって、ナノセルロース1gを製造するために要するエネルギー量、二酸化炭素排出量は大きく異なります。植物はもともと大気中にあった二酸化炭素を吸収して生育するため、植物の利用、例えば薪を燃やして二酸化炭素を排出しても、大気中の二酸化炭素濃度には影響を与えないとされています。

しかし第2章で説明したように、強固な植物細胞からナノセルロースを製造するためには、化学的、物理的などさまざまな方法で、これを解繊しなければなりません。物理的な方法で解繊するためには、多くのエネルギーを要します。第2章では製造方法の原理を簡単に紹介していますが、その中にはエネルギーを大量に消費する方法も含まれています。このような方法は、実験材料を作るためには適用できても、商業生産に向いていないことは明らかです。

エネルギーを大量に消費することは、製造原価に占めるエネルギーコストの比率が高くなるだけではなく、ナノセルロースという製品の持続可能性を損ないかねません。大量のエネルギーを投入して製造した材料で、化石資源由来の材料を代替したとしても、それが持続可能であると言えるでしょうか。

さまざまなナノセルロースの製造技術が開発され、その特徴が明らかになってきました。次の段階は、製造コストの高い技術は淘汰される方向にあると思われます。そして最終的には、エネルギー消費量が少なく、環境影響が少ない技術が、持続可能性が高いプロセスとして残るはずです。

要点BOX

- すべてのナノセルロースに持続可能性があるとは言えない
- エネルギー使用量の少ない製造方法に収束

ナノセルロースのサスティナビリティ

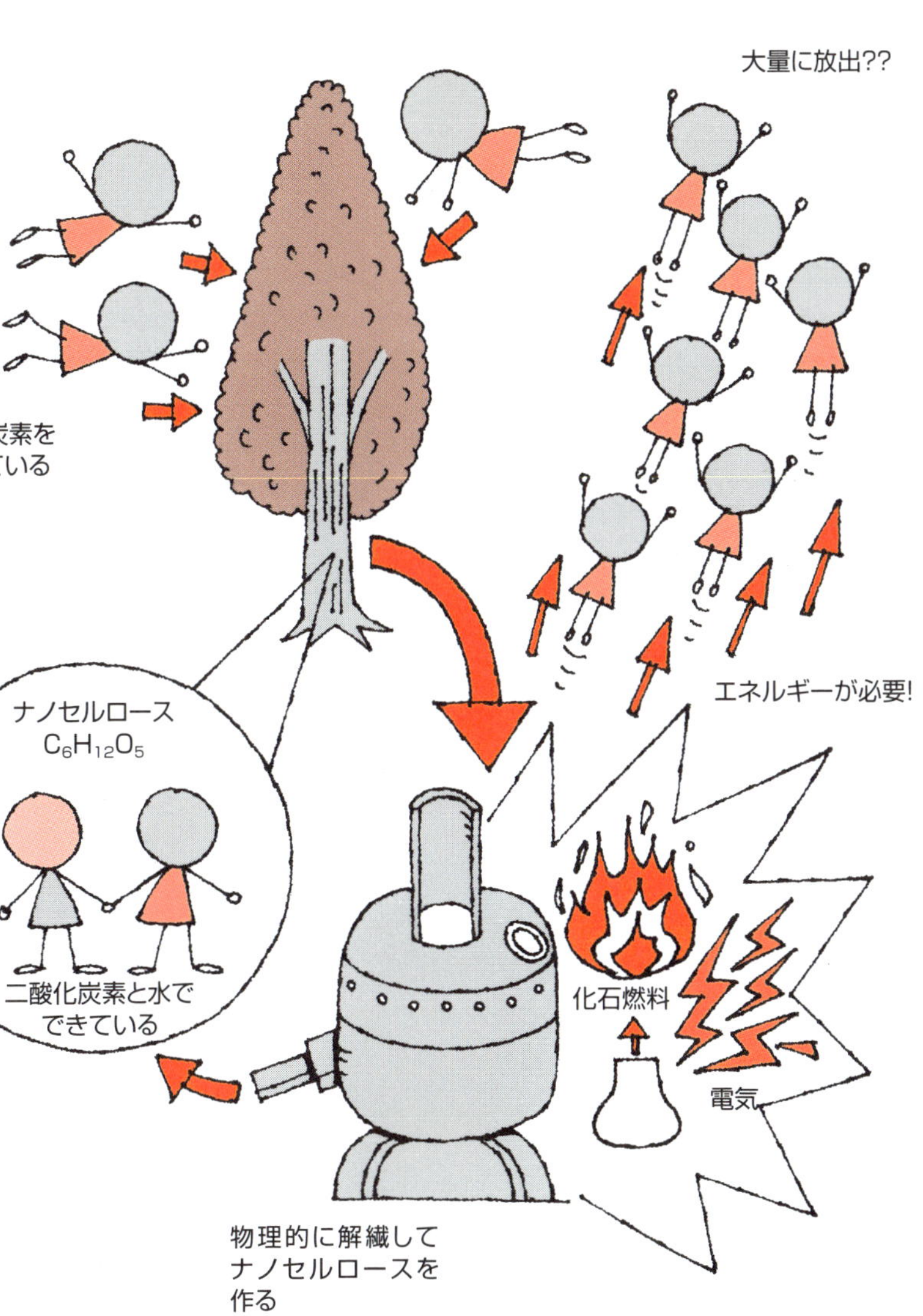
植物は
二酸化炭素を
吸収している

Column

ナノセルロース関連産業をうまく立ち上げるために

ナノセルロースにはさまざまな種類があります。また、その用途はまだ知られていないものも含めて、無限に広がっていると考えます。

ところが用途開発をしている方からは、「自分が考えている用途にはどの種類のナノセルロースが向いているのかわからない」「サンプルを入手して使ってみたがうまくいかない」「うまくいかない理由がわからないので先に進めない」といった声をよく聞きます。これを解決しないと、ナノセルロース関連産業は立ち上がりません。原料と用途の無限の組合せの中からうまくマッチングさせるには、できるだけ多くの技術情報を集め、それを整理し、ある程度絞り込んだ上で試行錯誤を繰り返すしかありません。

産業化には、技術課題の解決だけでなく、経済性の確保が重要です。高い原料から安い製品を作ることは不可能です。ナノセルロースのどのような特性を活かした製品を作るか、その製品はいくらなら市場で受け入れられるかを想定した上で、それを作るために必要なナノセルロースの量と価格を逆算してはいかがでしょうか。それが絞り込みの第一歩です。

これではダメ！

ここ数年で、ナノセルロースの研究開発を取り巻く状況は大きく変化しました。世界中で多くの研究者がこの素材の将来性に注目していることは、論文数や特許出願件数の著しい増加から裏付けられています。ナノセルロース関連産業をうまく立ち上げるために、一度整理してみてはどうでしょうか。

タ

ナ

ハ

索引

ア

カ

サ

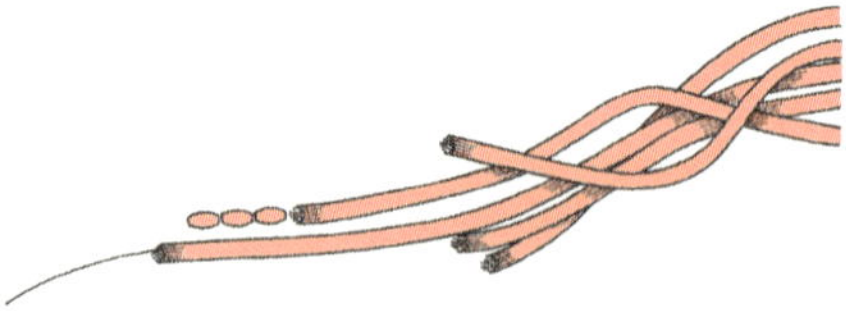

今日からモノ知りシリーズ
トコトンやさしい
ナノセルロースの本

NDC 585

2017年11月28日 初版1刷発行

発行者 井水 治博
発行所 日刊工業新聞社
東京都中央区日本橋小網町14番1号
(郵便番号103-8548)
電話 書籍編集部 03(5644)7490
販売・管理部 03(5644)7410
FAX 03(5644)7400
振替口座 00190-2-186076
URL http://pub.nikkan.co.jp/
e-mail info@media.nikkan.co.jp
印刷 新日本印刷
製本 新日本印刷

●DESIGN STAFF
AD――――志岐滋行
表紙イラスト――――黒崎 玄
本文イラスト――――小島サエキチ
ブック・デザイン ――大山陽子
(志岐デザイン事務所)

●
落丁・乱丁本はお取り替えいたします。
2017 Printed in Japan
ISBN 978-4-526-07767-8 C3034

●定価はカバーに表示してあります

●編者紹介

ナノセルロースフォーラム

(産業技術総合研究所コンソーシアム
ナノセルロースフォーラム 事務局)

ナノセルロースの研究開発、事業化、標準化を加速するためのオールジャパンの組織として、国立研究開発法人産業技術総合研究所のコンソーシアム制度を利用して設置された組織。本書はナノセルロースフォーラムが把握している技術情報を事務局が整理し、出版しました。

URL https://unit.aist.go.jp/rpd-me/ncf/index.html

●執筆者

平田 悟史(ひらた さとし)

日刊工業新聞社の好評書籍

おもしろサイエンス
小麦粉の科学
大楠秀樹　著
A5 判　160 ページ　定価：本体 1,600 円+税

おもしろサイエンス
繊維の科学
日本繊維技術士センター　編
A5 判　160 ページ　定価：本体 1,600 円+税

顔の老化のメカニズム
たるみとシワの仕組みを解明する
江連智暢　著
A5 判　184 ページ　定価：本体 2,000 円+税

「酸素が見える！」楽しい理科授業
酸素センサ活用教本
高橋三男　著
A5 判　160 ページ　定価：本体 1,800 円+税

知って納得！植物栽培のふしぎ
なぜ、そうなるの？そうするの？
田中 修、高橋 亘　著
四六判　160 ページ　定価：本体 1,200 円+税

図解よくわかるナノセルロース
ナノセルロースフォーラム　編
A5 判　208 ページ　定価：本体 2,000 円+税